本成果受到中国人民大学 2022 年度"中央高校建设世界一流大学（学科）和特色发展引导专项资金"支持

大数据环境下基于网络的 O2O 服务推荐原理与应用

Network-Based O2O Service Recommendation:
Principals and Applications in the Big Data Era

潘禹辰　◎著

图书在版编目(CIP)数据

大数据环境下基于网络的 O2O 服务推荐原理与应用/潘禹辰著. --北京：北京大学出版社，2025.4. ISBN 978-7-301-36005-7

Ⅰ. TP301.6

中国国家版本馆 CIP 数据核字第 2025RW8144 号

书　　名	大数据环境下基于网络的 O2O 服务推荐原理与应用
	DASHUJU HUANJINGXIA JIYU WANGLUO DE O2O FUWU TUIJIAN YUANLI YU YINGYONG
著作责任者	潘禹辰　著
责任编辑	王　华　张　敏
标准书号	ISBN 978-7-301-36005-7
出版发行	北京大学出版社
地　　址	北京市海淀区成府路 205 号　100871
网　　址	http://www.pup.cn　　新浪微博：@北京大学出版社
电子邮箱	总编室 zpup@pup.cn
电　　话	邮购部 010-62752015　发行部 010-62750672
	编辑部 010-62745933
印　刷　者	河北博文科技印务有限公司
经　销　者	新华书店
	880 毫米×1230 毫米　A5　4.125 印张　121 千字
	2025 年 4 月第 1 版　2025 年 4 月第 1 次印刷
定　　价	28.00 元

未经许可，不得以任何方式复制或抄袭本书之部分或全部内容。
版权所有，侵权必究
举报电话：010-62752024　电子邮箱：fd@pup.cn
图书如有印装质量问题，请与出版部联系，电话：010-62756370

前　　言

  在信息技术迅猛发展的今天,大数据已经成为推动各行各业变革的重要驱动力。尤其是在商业模式创新领域,线上到线下(Online to Offline,O2O)作为一种融合线上与线下双渠道的全新商务模式,迅速崛起并深刻改变了人们的消费方式。消费者通过线上平台选择并购买服务,随后前往线下实体店体验,这一紧密连接虚拟与现实世界的交互模式,不仅获得了消费者的广泛认可,也引起了企业界和学术界的高度关注。然而,随着O2O商业模式的快速扩展,平台上的服务数量急剧增加,用户在海量备选服务中选择最符合自身需求的服务变得愈加复杂。这一现象不仅存在于O2O商业模式中,也广泛存在于淘宝、京东、亚马逊等企业对用户(Business to Customer,B2C)和用户对用户(Customer to Customer,C2C)商务模式中,即在信息过载环境下,用户面临着选择困难的问题。推荐系统作为解决这一问题的有效工具,已经被广泛应用于各大互联网平台。然而,推荐系统在稀疏数据环境下,往往难以准确衡量用户之间的偏好相似度,从而产生了推荐不准确和推荐难的问题。

  针对上述挑战,本书《大数据环境下基于网络的O2O服务推荐原理与应用》应运而生。作者通过对经典推荐算法的深入研究与创新,提出了基于相似度融合的多维相似度衡量方法和基于用户活跃度的非对称相似度衡量方法,显著提升了推荐系统在稀疏数据环境下的表现。此外,书中引入了服务网络和用户网络的概念,充分利用大数据的关联性和多源异构特征,设计出适用于O2O服务的推荐算法。这些创新不仅解决了传统推荐系统在大数据环境下的瓶颈问题,也为O2O服务平台的优化提供了切实可行的技术支持。本书内容安排严谨,逻辑清晰,共分为五个章节:

  第1章:绪论。本章首先介绍了研究背景;然后对国内外关于推荐系统以及 O2O 服务的相关发展和研究现状进行了总结与分析，涵盖了推荐系统的发展和研究现状，以及 O2O 服务的发展和研究现状。

第 2 章：推荐系统研究概述。作为后续章节的基础铺垫，本章对经典的基于评分的推荐算法、基于内容的推荐算法和混合推荐算法进行了详细阐述、分析和对比。同时，介绍了当前研究和应用中较为前沿的推荐算法，归纳总结了推荐算法中的核心问题、难点问题和常用评价方法，并介绍了本书示例中使用的 O2O 服务数据集。

第 3 章：推荐系统中的用户偏好相似度分析。本章总结了常用的三种用户偏好相似度衡量方法，并提出了两种基于 O2O 服务的改进相似度衡量方法：基于相似度融合的多维相似度衡量方法和基于用户活跃度的非对称相似度衡量方法。研究发现，在稀疏数据环境下，用户服务选择行为的相关性能够更准确地衡量用户之间的偏好相似度，为后续章节中网络推荐算法的提出提供了重要的理论基础。

第 4 章：基于网络的 O2O 服务推荐算法。作为本书的核心章节，分别提出了基于服务网络和基于用户网络的 O2O 服务推荐算法，并进行了详尽的实验验证。通过构建服务网络和用户网络，充分利用大数据的关联性和多源异构特征，所提出的推荐算法在稀疏数据环境下展现出优越的推荐效果，显著提升了推荐系统的性能。

第 5 章：结论与展望。本章首先总结了全书的研究工作，提炼出四个主要结论和创新点。随后，作者对未来的研究方向进行了展望，包括 O2O 服务中虚假评价甄别的研究、基于准确度和多样性的推荐效果最大化研究，以及基于推荐系统的 O2O 服务供应商的库存决策研究。这些展望为后续的研究工作提供了宝贵的参考和方向。

本书不仅在理论上对推荐系统在大数据环境下的优化进行了深入探讨和创新性设计，也在实践中通过具体的 O2O 服务场景应用，验证了提出方法的有效性和可行性。通过对 O2O 服务推荐系统的深入研究，读者不仅可以全面了解推荐系统的基本原理和最新发展，还能够掌握在实际应用中应对数据稀疏、相似度衡量等挑战的方法与策略。

目 录

第1章 绪论 …………………………………………………… (1)
　1.1 研究背景 ………………………………………………… (1)
　1.2 研究现状 ………………………………………………… (3)

第2章 推荐系统研究概述 …………………………………… (11)
　2.1 传统推荐算法 …………………………………………… (11)
　2.2 前沿推荐算法 …………………………………………… (21)
　2.3 推荐系统中的重要问题 ………………………………… (24)
　2.4 推荐效果评估 …………………………………………… (29)
　2.5 O2O 服务推荐 …………………………………………… (42)

第3章 推荐系统中的用户偏好相似度分析 ………………… (50)
　3.1 用户之间的偏好相似度衡量方法 ……………………… (50)
　3.2 改进的用户偏好相似度 ………………………………… (56)

第4章 基于网络的 O2O 服务推荐算法 …………………… (73)
　4.1 基于服务网络的 O2O 服务推荐算法 ………………… (73)
　4.2 基于用户网络的 O2O 服务推荐算法 ………………… (85)

第5章 结论与展望 …………………………………………… (106)
　5.1 研究工作总结 …………………………………………… (107)
　5.2 未来研究展望 …………………………………………… (109)

参考文献 ……………………………………………………… (111)

第 1 章　绪论

1.1　研究背景

信息技术的飞速发展以及互联网的广泛普及促使人们的生活发生了翻天覆地的变化，极大地改变了人们的消费方式。在21世纪初期，线下购买是人们最主要的消费方式。人们会在商场、超市、电器城等线下实体商店进行商品的挑选和购买。随着网络的普及，企业对企业（Business to Business, B2B）、B2C 和 C2C 等电子商务模式迅速崛起。B2B 是企业与企业之间的交易模式。企业之间通过互联网，基于商务数据的交换、传递来开展交易活动。相比而言，B2C 和 C2C 是直接面向消费者销售产品和服务的零售交易模式。B2C 以各大品牌官方销售网站为代表，如 NIKE 在线销售官网（www.nike.com.cn）和 Lenovo 在线销售官网（www.lenovo.com）等。各大品牌在各自网站上以电子商务的模式进行商品的销售，消费者在线上进行商品的浏览、选择及支付，品牌商家通过快递方式进行商品的交付。除此之外，为了方便用户个人之间的交易，以淘宝网（www.taobao.com）和 ebay 网（www.ebay.com）等为代表的 C2C 电子商务模式应运而生，消费者可以在线上从个人卖家手中购买商品。

然而，随着线上商务市场的逐渐饱和，阿里巴巴、京东等电商巨头开始关注线下商务市场的发展。2017年11月，阿里巴巴宣布将投入约224亿港元以直接和间接的方式持有高鑫零售36.16%的股份。高鑫零售是我国零售界规模最大的公司之一，旗下的大润发品牌在29个省、自治区、直辖市开设大型超市，市场份额连续多年保持国内零售行业第一。同时，阿里巴巴创办了在数据和技术驱动下的线下新零售平台——盒马鲜生,并在 2018 年扩张了 100 多家线下实体店。同样,京东推出了京东便利店来提供及推广线下商品服务。数据显示,在我国,人们线上消费的比例只占日常总消费的 3%。绝大多数消费活动仍需要在线下进行,例如去饭店和影院消费等。除此之外,随着移动通信以及在线支付技术的逐步成熟,智能手机已经成为人们生活不可缺少的一部分,人们逐渐习惯了用智能手机在线上购买各种线下服务,如外卖服务、打车服务等。

因此,一种融合了线上与线下双渠道消费特征的新的商务模式——O2O 应运而生。O2O 的概念最早是 2010 年 8 月由 Alex Rampell 在 TechCrunch(美国科技类博客)上发表的一篇文章中正式提出的。他在分析 Groupon、OpenTable 等美国知名的团购网站时,发现它们的运营均促进了线上与线下商务的发展,就将这种运营模式定义为 O2O 服务。团购服务是发展最早,也是最典型的 O2O 服务。作为我国最大的团购服务平台,美团旗下的大众点评(www.dianping.com)提供的 O2O 服务涵盖餐饮、外卖、打车、共享单车、酒店旅游、电影、休闲娱乐等 200 多个品类,业务覆盖全国 2800 个市、县(区)。2018 年全年,该平台的总交易金额达 5156.4 亿元人民币,同比增加 44.3%。截至 2018 年底,平台交易用户总数达 4.0 亿,活跃商家总数达 580 万家。其中,餐饮团购服务是我国消费群体最大的 O2O 服务。据统计,仅在北京,就有多达 13,000 家左右的饭店提供团购服务,从而引发了在海量同质化服务中,用户很难选择到最符合自己偏好并能最大程度满足自己需求的服务的问题。

事实上,这样的问题不仅在 O2O 商务模式中存在,在 B2C 和 C2C 商务模式中也存在着。互联网迅速增长的数据资源产生了信息过载的问题。面对这一严峻问题,推荐系统(Recommendation System, RS)应运而生。推荐系统通过分析用户在平台上的消费行为,挖掘用户的潜在偏好和兴趣,向用户推荐最可能符合他们兴趣和偏好的商品及服务。由于推荐系统对于解决信息过载问题有着显著效果,因此近些年来得到了企业界和学术界的广泛关注。

1.2 研究现状

本节分别对推荐系统以及O2O服务的发展和研究现状进行总结与分析。在推荐系统部分,首先,对推荐系统的提出以及推荐系统在企业界和学术界的发展历程进行分析梳理;其次,对近年来推荐系统在各个领域的应用以及新的研究方向进行分析和总结;最后,对常见推荐系统的主要分类及特征进行概述。对于O2O服务部分,首先,在已有文献基础上对O2O服务概念的提出和商务模式进行总结;其次,将O2O商务模式与传统的B2B及B2C商务模式进行对比,在此基础上归纳出O2O服务的专有特征;最后,对近年来O2O服务领域相关的研究和取得的重要研究成果进行梳理。

1.2.1 推荐系统的发展及研究现状

推荐系统的基础思想最初诞生于20世纪90年代初期,第一个雏形是由Goldberg等人提出的应用协同过滤算法的邮件推荐系统——Tapestry。该系统要求用户在阅读邮件过程中标记出垃圾邮件,来帮助其他用户根据已存在的标准来过滤自己需要的邮件。Tapestry通过分析用户阅读邮件的历史行为,来调整新邮件的优先顺序,从而提高用户阅读邮件的效率。Tapestry的核心就是协同过滤(Collaborative Filtering, CF)思想,这也是首次将协同过滤思想引入推荐系统的实际应用。在此之后,Resnick团队于1994年提出了GroupLens新闻推荐系统。GroupLens新闻推荐系统的提出是推荐系统发展历程中的一个里程碑事件。首先,该系统要求用户对阅读过的新闻打分,从而形成关于新闻的用户评分矩阵;其次,基于该用户的评分矩阵,计算用户之间的偏好相似度;最后,针对一个目标用户,筛选与其偏好相似度相近的用户群体,并基于这些用户群体阅读新闻的偏好为该目标用户推荐新闻。GroupLens新闻推荐系统首次提出了完整的协同过滤算法,为该算法在推荐系统领域的广泛应用奠定了坚实的理论和实践基础。

在企业界,亚马逊是最早也是最成功地应用推荐系统的互联网巨头。1998年,亚马逊致力于构建一个"千人千面"的互联网购买平台,即每位用户登录到亚马逊网站看到的商品均是不同的,亚马逊对用户的兴趣和偏好进行分析,对用户进行个性化的商品呈现。亚马逊推荐系统的核心是基于物品的协同过滤(Item Based Collaborative Filtering,I-CF)算法。该算法通过分析用户的历史购买行为,从数以亿计的商品库中为该用户挑选出最可能满足他的需求、符合他的兴趣和偏好的商品。据报道,亚马逊35%的销售额是与推荐系统直接相关的。目前推荐系统在国内外的互联网平台上都扮演了重要的角色,国外的社交平台Facebook和Twitter的好友推荐,视频网站YouTube的内容推荐,淘宝、京东和当当等国内电子商务平台的商品推荐,网易云音乐的歌曲推荐,今日头条的资讯推荐等都已成为各自平台不可或缺的关键功能。除此之外,企业界也通过举办推荐算法大赛的方式促进推荐系统的发展。2006年,流媒体播放平台Netflix(网飞)发起的百万美金推荐算法大赛将推荐系统的研究推向了一个新的高潮。Netflix宣布第一个将该平台的推荐成功率提高10%的团队将获得百万美元奖金。该大赛不但引起了企业界的广泛关注,也使得对推荐系统的研究在学术界成为一大热点。最后,BPC团队提出的基于时间和频率的推荐算法以推荐成功率提高10.03%的好成绩获得此项大赛的冠军。在国内,阿里巴巴举办的天猫推荐算法大赛、京东的JData算法大赛等,也都促进了国内推荐系统的研究和发展。

在学术界,已有众多国内外学者投身于推荐系统的研究,使得该研究方向已逐渐成为一门独立的学科。在权威科学数据库Web of Sceince(WOS)上,检索以"Recommendation"或"Recommender system"为主题词的近20年发表的论文(2000—2019年),共有266,398篇相关论文发表于科学引文索引(Science Citation Index,SCI)或社会科学引文索引(Social Sciences Citation Index,SSCI)

检索期刊(检索于 2019 年 8 月 25 日),这些论文的历年发表数量如图 1.1 所示。通过数据,可以明显看出推荐系统的研究热度在近 20 年内飞快上升(由于统计时 2019 年度尚未结束,发表数量暂且低于 2018 年度)。图 1.2 统计了推荐系统相关论文发表数量位列前 20 的机构。通过对这些机构的统计不难发现,这些机构绝大部分为世界顶尖高校,如哈佛大学、斯坦福大学、宾夕法尼亚大学、哥伦比亚大学、多伦多大学等。其中哈佛大学发表的推荐系统相关论文的数量在近 20 年来排名位列第二。由此可见,推荐系统已经得到世界顶尖高校学者们的关注和研究,从侧面反映了该领域的学术价值和发展前景。除此之外,自 2007 年起,国际计算机学会(Association for Computing Machinery,ACM)专门召开了以推荐系统为主题的 RecSys 会议,该会议目前已成为推荐系统领域的顶级会议。RecSys 会议对论文的贡献性及创新性有着严格的要求,论文接受率较低(平均 24% 左右,2018 年为 18%),因此,能够在该会议上展示的论文均为推荐系统领域最前沿、最具影响力的科研成果。广大学者对 RecSys 会议关注程度再次反映了推荐系统在学术界的影响力,该会议也为推动推荐系统的发展做出了巨大贡献。

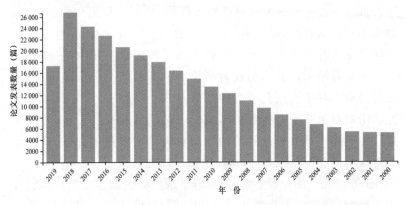

图 1.1 推荐系统相关论文历年发表数量(2000—2019 年)

图 1.2　推荐系统相关论文发表数量位列前 20 的机构(2000—2019 年)

推荐系统最早应用在电子商务领域是用来解决信息过载问题的,随着推荐系统在亚马逊和 Netflix 等互联网巨头企业的成功应用,个性化推荐技术逐步推广到包括医疗、教育、餐饮和社交网络等在内的其他领域。在学术界,绝大多数研究致力于提升推荐系统的推荐准确度。而在近年,推荐多样性也逐渐成为众多学者关注的领域,即在保证推荐准确度不变或者较小损失的前提下,使得平台推荐的商品或服务尽可能的多样化,从而增加用户的新鲜感,提高用户的满意度,提升平台的用户黏性。除此之外,一些学者也开始考虑推荐系统对用户行为以及决策的影响。其中,S. Senecal 等发现推荐给用户的商品相对于没有推荐给用户的商品,用户对前者的购买频率大概是后者的 2 倍左右。Alan D. J. Cooke 等研究了用户对那些平台推荐的但他们不熟悉的商品的反应,发现用户往往对那些具有较高评价的商品也会给出很高的评分,即使他们对这个商品不是很熟悉,这反映出用户的从众心理。G. Adomavicius 等研究了用户在购物时,推荐系统推荐的商品对用户购物决策的影响,发现在实验室环境下,用户的偏好评分是可塑的,并且受到推荐商品的原有评分的显著影响。

基于以上对推荐系统的研究,推荐算法可以大致分为以下三类：基于评分的推荐算法、基于内容的推荐算法和混合推荐算法。基于评分的推荐算法所用数据结构简单且算法复杂度低，因此它是应用最为广泛的一类推荐算法，这类推荐算法又以协同过滤推荐算法为代表。协同过滤推荐算法基于用户评分矩阵，计算用户之间的偏好相似度，然后根据与目标用户偏好相似度高的近邻用户群的服务选择行为，为目标用户进行个性化推荐。但是由于协同过滤推荐算法的核心是基于用户评分矩阵来计算商品的相似度或用户之间的偏好相似度，因此，当用户评分矩阵数据密度较低时，推荐效果将受到很大的影响。相比而言，基于内容的推荐算法在这种情况下会有较好的表现，这是因为该算法主要是应用文本挖掘技术对服务和用户的描述性信息进行挖掘分析及匹配（Wu Y 等，2018），然而，由于此类算法涉及文本分析过程，通常具有较高的计算复杂度，同时数据结构也相对复杂。结合了基于评分的推荐算法和基于内容的推荐算法的优势，混合推荐算法近年来备受关注。除了以上三种经典的推荐算法之外，一些人工智能的方法，如矩阵分解（Matrix Factorization，MF）、深度学习（Deep Learning，DL）和神经网络（Neural Networks，NN）等也开始逐渐被应用于推荐算法中。尽管如此，基于评分的推荐算法由于其数据结构简单和计算复杂度低的优势，仍然是实际应用中使用最广泛的推荐算法。

1.2.2 O2O 服务的发展及研究现状

O2O 商务模式最大的特点是建立了线上虚拟平台和线下真实环境的一种交互关系。在 O2O 商务模式中，首先，服务提供商将 O2O 服务信息发布于线上虚拟平台；然后，用户根据这些服务信息在虚拟平台选择并购买满足自己需求或偏好的服务并获得支付凭证；最后，用户在服务提供商的线下实体店体验服务，同时商家核销用户的支付凭证。体验之后，用户把自己对服务的评价反馈到线上虚拟平台，使得线上虚拟平台不仅包含了商家提供的服务客观信息，还包含了用户提供的主观评价信息。这些多源信息为其他用户的服务选择提供了更可靠、更综合的决策支持，从而形成了一种"线上购买—线下体验—线上反馈"的线上与线下双渠道融合的 O2O 商务模式。该模式除了可以帮助用户做出基于多源信息融合的决策之外，还可以在一定程度上预测市场需求，为服务提供商的库存决策提供决策参考。例如，当很多用户在短时间内对某个服务给出了频繁的高分评价时，该服务的提供商就应该适当扩充库存（如购买更多的食物原材料）来满足未来更多用户的需求。图 1.3 概述了 O2O 服务提供商、O2O 服务平台以及用户在 O2O 商务模式中的交互关系，即推荐系统在 O2O 服务中的应用。

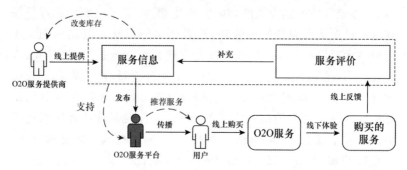

图 1.3　推荐系统在 O2O 服务中的应用

在种类繁多的 O2O 服务中，餐饮团购是最早兴起且被大众广泛接受和使用的 O2O 服务。首先用户在 O2O 服务平台（以下简称平台）购买团购券，然后在线下饭店换取相应的菜品或者抵消相应的账单费用，就餐完成后用户还可以在线上为这次服务打分或者点评。传统的 B2B、B2C 商务模式，诸如淘宝、亚马逊等，是将用户的购物习惯从线下转移到线上。然而，O2O 商务模式则是通过线上虚拟平台，将线上用户和线下商家联系起来，将线上用户引导至线下消费。

研究表明，在这类将用户从线上转移到线下消费的服务当中，用户服务选择行为往往具有地理位置敏感性特征。也就是说，线下商家所在的地理位置对用户是否选择这个服务有很大的影响，往往较低的交通和时间成本会使得服务更容易被用户接受。有些时候，即便服务的价格具有很大的吸引力，用户也不会购买，因为这个商家所在的地理位置对于用户来说并不方便。与之相比,用户在传统电商平台购物时,往往不会考虑线上商家的地理位置。这是由于如今物流行业的高速发展和日趋成熟,用户通常对商品的邮寄速度较为满意,往往不会考虑购买商品的发货地址。因此,地理位置作为 O2O 服务的专有特征,引起了学者们的关注。Li H 等通过对 Groupon 的实证分析研究了交通成本对 O2O 商务模式的影响,发现交通成本对用户服务选择行为具有重要影响。Dickinger A 等通过调研用户兑换移动优惠券的意图趋势,发现了用户服务选择行为通常是基于地理位置的。实际上,Antonella 和 Ariela 发现用户有时不愿意购买优惠券,仅仅因为这些 O2O 服务的地理位置对他们来说并不方便。由此可见,O2O 服务选择是用户综合了备选服务的线上信息和线下信息做出的基于多源信息的决策过程。因此,在本书提出的 O2O 服务推荐算法中,O2O 服务的地理位置也被纳入了推荐算法设计,具体算法将在后面章节详细介绍。

在学术界,关于 O2O 服务的研究虽然不是一个热门话题,但是已经开始引起了学者们的广泛关注。在权威科学数据库 WOS 上,检索以"O2O"或"online to offline"为主题词发表的论文,共有 135 篇相关论文发表于 SCI 或 SSCI 检索期刊(检索于 2019 年 8 月 25 日)。O2O 相关论文历年发表数量如图 1.4 所示。由统计结果可知,最早关于 O2O 的论文发表于 2010 年,该时间也正是 O2O 这一概念被提出的年份。可以看到从 2016 年开始,O2O 相关主题的论文数量出现了激增,这证明越来越多的学者开始关注并研究这个新兴领域。在这些研究中,一些学者发现用户在线上选择的商品会被他们对这些商品在线下商店的体验所影响。具体来说,Verhagen T 等利用荷兰一家大型音乐零售店的 630 位用户作为样本进行分析,发现用户对线下商店的体验直接影响了他们的线上购买意愿。此外,品牌的线下口碑也显著地影响着该品牌的线上形象以及线上用户的忠诚度。在服务质量方面,Yang S 等提出了线下服务质量会影响线上服务质量这一观点。其实,用户通过品牌的线下渠道被培养和建立的品牌忠诚度是可以被传递到该品牌的线上渠道的。相应地,用户的线上购买体验也会反过来影响他们的线下购买选择。通过对O2O商务模式的分析,Gallino S等发现用户在线下商店的购物意图会受到该商品的线上库存信息的影响,还发现商品的线下销售额与该商品在社交媒体网站上的推广程度有关。除此之外,与O2O服务相关的研究也涉及营销领域,诸如信任传递、忠诚度建模和口碑管理等。以上均是从线上渠道和线下渠道的交互和影响的角度对O2O服务进行分析和研究的。本书在解决推荐系统中稀疏数据问题的同时,也提出了新的推荐算法应用于推荐系统中,该算法在设计过程中考虑了服务提供商的地理位置对用户选择O2O服务的影响,因此该算法是考虑了地理位置特征的O2O服务推荐算法,算法具体过程将在后面的章节详细介绍。

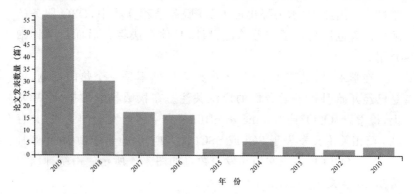

图1.4　O2O相关论文历年发表数量(2010—2019年)

第 2 章 推荐系统研究概述

2.1 传统推荐算法

本章介绍三类常见的传统推荐算法,分别是基于评分的推荐算法、基于内容的推荐算法和混合推荐算法。在 2.1.1 节中,基于评分的推荐算法主要以协同过滤推荐算法为代表,这是由于协同过滤推荐算法是本书第 3 章作者提出的推荐算法的基础架构。因此,以示例的形式对协同过滤推荐算法的四个主要步骤进行详细的阐述和分析,并基于此总结协同过滤推荐算法的优势和不足。在 2.1.2 节中,根据基于内容的推荐算法所用数据的不同,可将其分为基于主观评价的内容推荐算法和基于客观属性的内容推荐算法,并通过示例分别对这两种算法的思想进行总结。

2.1.1 基于评分的推荐算法

基于评分的推荐算法是所有推荐算法中最经典且应用范围最广的推荐算法。这一类算法又以协同过滤推荐算法为代表。协同过滤推荐算法是以用户与服务在平台上的历史交互数据为基础,分析并挖掘用户的潜在偏好,为用户推荐其未曾使用过的服务中最可能满足其需求或偏好的服务。协同过滤推荐算法的基本思想是具有相同或相似的历史行为和偏好的用户,可能具有相同或相似的价值观,那么他们也可能有相似的服务需求。协同过滤推荐算法通常又可以分为基于用户的协同过滤推荐算法和基于项目的协同过滤推荐算法。基于用户的协同过滤推荐算法是通过找到与目标用户偏好相似度高的其他近邻用户群,再根据这些近邻用户群的历史行为为目标用户推荐;而基于项目的协同过滤推荐算法则是以商品或服务,即以项目为中心,基于用户评分矩阵,来计算服务之间的相似度,然后把那些与目标用户使用过的服务相似度高的备选服务推荐给目标用户。

以基于用户的协同过滤推荐算法为例,协同过滤推荐算法包含以下4个步骤:用户之间的偏好相似度衡量、近邻用户群的界定、备选服务评分的预测和推荐列表的生成。由于本书第3章的研究内容是在协同过滤推荐算法基础上,针对用户之间的偏好相似度衡量这一步骤进行的优化和改进,所以下面将通过一个示例对协同过滤推荐算法的4个步骤进行详细的解释和说明。

在表2.1给出的用户评分矩阵(示例数据)中,矩阵每一行代表一个用户,每一列代表一个服务,矩阵中的数值代表用户对服务的评分。假定集合 $C=\{c_i | i \in \{1,\cdots,5\}\}$ 分别代表5个用户,集合 $OS=\{os_j | j \in \{1,\cdots,7\}\}$ 分别代表矩阵中的7个服务,那么集合 $R=\{r_{i,j} | i \in \{1,\cdots,5\}, j \in \{1,\cdots,7\}\}$ 则代表用户 c_i 对服务 os_j 的评分集合,其中 $r_{i,j}$ 的取值范围是1、2、3、4和5,分数越高,说明用户对该服务满意度越高。在表2.1中,c_5 并未使用过服务 os_5、os_6 和 os_7,下面就使用基于用户的协同过滤推荐算法对目标用户 c_5 进行个性化服务推荐。

表 2.1 用户评分矩阵(示例数据)

	os_1	os_2	os_3	os_4	os_5	os_6	os_7
c_1	3	1	2	3	3	4	5
c_2	4	3	4	3	5	3	4
c_3	3	3	1	5	4	2	1
c_4	1	5	2	1	5	4
c_5	5	3	4	4			

步骤1:用户之间的偏好相似度衡量。在基于用户的协同过滤推荐算法中,偏好相似度通常采用皮尔逊相关系数(Pearson Correlation Coefficient,PCC)来计算。针对目标用户,根据他与其他用户对使用过的相同服务的评分,来计算他们之间的偏好相似

度。在算式中，针对目标用户 c_5，要分别计算他与其他 4 个用户的偏好相似度，记为 sim_{c_5,c_1}、sim_{c_5,c_2}、sim_{c_5,c_3} 和 sim_{c_5,c_4}。以 sim_{c_5,c_1} 为例，由于 c_5 和 c_1 共同使用过的服务为 os_1、os_2、os_3 和 os_4，所以根据 c_5 和 c_1 分别对这 4 个服务给出的评分，他们之间的偏好相似度 sim_{c_5,c_1} 的计算过程如下：

$$sim_{c_5,c_1} = \frac{\sum_{j=1}^{4}(r_{5,j}-\overline{r_5})(r_{1,j}-\overline{r_1})}{\sqrt{\sum_{j=1}^{4}(r_{5,j}-\overline{r_5})^2}\sqrt{\sum_{j=1}^{4}(r_{1,j}-\overline{r_1})^2}}$$

$$=\frac{(r_{5,1}-\overline{r_5})(r_{1,1}-\overline{r_1})+(r_{5,2}-\overline{r_5})(r_{1,2}-\overline{r_1})+(r_{5,3}-\overline{r_5})(r_{1,3}-\overline{r_1})+(r_{5,4}-\overline{r_5})(r_{1,4}-\overline{r_1})}{\sqrt{(r_{5,1}-\overline{r_5})^2+(r_{5,2}-\overline{r_5})^2+(r_{5,3}-\overline{r_5})^2+(r_{5,4}-\overline{r_5})^2} \times \sqrt{(r_{1,1}-\overline{r_1})^2+(r_{1,2}-\overline{r_1})^2+(r_{1,3}-\overline{r_1})^2+(r_{1,4}-\overline{r_1})^2}}$$

$$=\frac{(5-4)\times(3-2.25)+(3-4)\times(1-2.25)+(4-4)\times(2-2.25)+(4-4)\times(3-2.25)}{\sqrt{(5-4)^2+(3-4)^2+(4-4)^2+(4-4)^2} \times \sqrt{(3-2.25)^2+(1-2.25)^2+(2-2.25)^2+(3-2.25)^2}}$$

$$=0.85 \tag{2.1}$$

在式 2.1 中，$\overline{r_5}$ 和 $\overline{r_1}$ 分别为 c_5 和 c_1 对他们共同使用过的 4 个服务给出的评分的均值。因此，$\overline{r_5}=(5+3+4+4)/4=4$，同理可以得到，$\overline{r_1}=2.25$。用相同的方法，可以分别计算出 $sim_{c_5,c_2}=0.7$，$sim_{c_5,c_3}=0$ 和 $sim_{c_5,c_4}=-0.79$。

步骤 2：近邻用户群的界定。这一步骤是根据步骤 1 计算得到的相似度衡量结果，来界定目标用户的近邻用户群。由于 PCC 的取值范围为 $(-1,+1)$，取值越高说明两个用户的偏好相似度越高。但是，值得注意的是，PCC 小于 0 并不代表两个用户的偏好是相反的，而是代表两个用户的偏好不具备相关性。因此，近邻用户群根据数据情况采用以下两种策略进行选择：

策略 1：直接选取法。在使用过目标用户未曾使用过的服务的用户中，选取那些与目标用户的偏好相似度大于 0 的用户作为目标用户的近邻用户群。

策略 2：Top-K 选取法。在使用过目标用户未曾使用过的服务的用户中，选取那些与目标用户偏好相似度排在前 $K+1$ 位的 K 个用户作为目标用户的近邻用户群。如果与目标用户偏好相似度大于 0 的用户数量不足 $K+1$ 个，则采用策略 1。

策略 1 适用于用户数量较少的平台，而策略 2 则适用于用户数量较多的平台。在本示例中,由于用户数量较少,因此采用策略 1 来界定目标用户 c_5 的近邻用户群。根据步骤 1 计算得到的偏好相似度结果,c_1 和 c_2 与 c_5 的偏好相似度均大于 0,因此 c_1 和 c_2 被界定为目标用户 c_5 的近邻用户。因此,c_5 的近邻用户群可以用以下集合形式表达:

$$Neighbour_{c_5} = \{c_1, c_2\} \qquad (2.2)$$

步骤 3:备选服务评分的预测。根据近邻用户群的偏好,来预测目标用户的偏好。首先将那些近邻用户使用过的且目标用户未曾使用过的服务定义为目标用户的备选服务;然后预测如果目标用户使用了这些服务,可能给出的评分;最后通过这些评分的大小可以推断目标用户对未曾使用过的服务的偏好。在本示例中,目标用户 c_5 的备选服务为 os_5、os_6 和 os_7,通过 c_1 和 c_2 对 os_5、os_6 和 os_7 的评分以及他们与目标用户 c_5 的偏好相似度来预测备选服务评分。以 os_5 为例,预测计算过程如下:

$$\begin{aligned}
r_{5,5}^{pre} &= \frac{\sum_{c_i \in Neighbour_{c_5} \cap r_{i,5} \neq 0} (sim_{c_5, c_i} \cdot r_{i,5})}{\sum_{c_i \in Neighbour_{c_5} \cap r_{i,5} \neq 0} sim_{c_5, c_i}} \\
&= \frac{sim_{c_5, c_1} \cdot r_{1,5} + sim_{c_5, c_2} \cdot r_{2,5}}{sim_{c_5, c_1} + sim_{c_5, c_2}} \\
&= \frac{0.85 \times 3 + 0.7 \times 5}{0.85 + 0.7} \\
&= 3.9
\end{aligned} \qquad (2.3)$$

同理计算得到 $r_{5,6}^{pre} = 3.5$ 和 $r_{5,7}^{pre} = 4.5$。

步骤 4:推荐列表的生成。备选服务评分的预测代表了目标用户对这些未曾使用过的服务的偏好程度。备选服务的预测评分越高,代表这个服务越有可能满足目标用户的需求,符合目标用户的偏好。因此,当平台将这些预测评分排在前面的备选服务推荐给目标用户时,用户很有可能从中选择使用。在本示例中,基于步骤 3 得到的目标用户 c_5 对备选服务 os_5、os_6 和 os_7 的预测评分,可以得到 c_5 的个性化服务推荐列表,如表 2.2 所示。服务平台可以根据商业需求将推荐列表中排名靠前的若干个服务推荐给 c_5。在这个示例中,如果平台准备推荐 2 个服务给 c_5,那么根据计算结果应推荐 os_7 和 os_5,且 os_7 应置于用户界面更显著的位置。

表 2.2　目标用户 c_5 的个性化服务推荐列表

	os_5	os_6	os_7
r^{pre}	$3.9(r_{5,5}^{pre})$	$3.5(r_{5,6}^{pre})$	$4.5(r_{5,7}^{pre})$
Rank	2nd	3rd	1st

上述示例详细地给出了基于用户的协同过滤推荐算法的全部流程。通过这个算法流程,可以总结出协同过滤推荐算法的以下几个优势:

(1) 数据结构简单。协同过滤推荐算法使用的数据就是用户评分矩阵。该矩阵的数据结构简单。在绝大多数平台,用户对商品或服务的评分通常采用给予 1 分、2 分、3 分、4 分和 5 分的离散评分制。因此,用户评分矩阵的数据具有取值范围较小,易于计算的优势。

(2) 算法复杂度低。通过上述步骤不难发现,协同过滤推荐算法的流程非常清晰,且计算过程简单,计算效率远超包括基于内容的推荐算法和混合推荐算法等在内的其他推荐算法。因此,整个算法具备空间复杂度低和时间复杂度低的优势。

(3) 推荐效果较为良好。协同过滤推荐算法之所以能够被广泛使用,其中非常重要的一点就是在数据复杂度低和算法复杂度低的基础上,具有令人较为满意的推荐效果。因此,才会被包括亚马逊在内的互联网巨头公司采纳,也一直受到学术界的广泛关注。

但是,协同过滤推荐算法的劣势也非常明显。上述示例为了能够清晰地描述基于用户的协同过滤推荐算法流程,使用的用户评分矩阵的数据密度要远高于实际的数据密度。在实际情况中,该矩阵的数据密度通常在 2% 左右。因为,当用户评分矩阵的数据稀疏时,协同过滤推荐算法的推荐效果将受到极大的影响。

2.1.2 基于内容的推荐算法

基于内容的推荐算法是通过挖掘平台的全部数据，分析用户潜在偏好，进而为用户进行个性化推荐的一类推荐算法。这些数据来源于平台的主观信息和客观信息。其中，主观信息主要包括用户以文本形式对服务的评价，即评论；客观信息则主要包括平台提供的 O2O 服务和用户本身的属性信息。因此，将以上两类信息作为数据基础，基于内容的推荐算法可以进一步细分为基于主观评价的内容推荐算法和基于客观属性的内容推荐算法。

基于主观评价的内容推荐算法主要基于用户对服务的评论(图 2.1)，通过文本挖掘技术，来分析用户的潜在偏好。在基于主观评价的内容推荐算法中，首先，对用户的评论进行处理，提炼有效信息。然后，对提炼到的信息进行自然语言处理，其中包括分词、词性标注、文本向量化等步骤。在此基础上，运用一种用于信息检索与数据挖掘的常用加权技术进行关键词的提取和分析，从而降低数据维度，进一步提炼出反映用户潜在偏好的有效信息，并采用隐含狄利克雷分布(Latent Dirichlet Allocation, LDA)模型提取有效信息中的用户偏好特征。最后，将目标用户在平台上的每条评论进行以上步骤的处理，从而构建用户偏好特征画像，为用户推荐最符合其偏好的服务。

图 2.1 评论实例

基于主观评价的内容推荐算法的优势是可以从相对较少的用户评价信息中比较准确地分析用户的偏好,从而制定个性化推荐策略。与一个评分相比,一条评论包含了更多的可以挖掘用户偏好的有效信息,所以,当用户使用过的服务数量较少时,相比评分数据,通过评论可以获取更多的关于用户偏好的信息,生成的推荐结果也较为准确。因此,在稀疏数据环境下,基于内容的推荐算法的推荐效果比基于评分的推荐算法的推荐效果更好。

然而,基于内容的推荐算法的缺点也十分明显。首先,相对于评分,评论的处理和分析过程较为复杂,具有较高的时间复杂度和空间复杂度,因此,对于规模较大的平台,基于内容的推荐算法将是一大挑战。其次,评论作为一种复杂的异构数据类型,偏好相似度衡量过程相对困难。具体地,基于评论的偏好相似度通常是很难准确衡量的。这是由于人类语言的高度复杂性,使得对文本的分词会破坏完整的语境,从而不能准确地获取评论中用户的真实想法,因此很难得到用户的真实偏好。除此之外,人类语言的高度复杂性也体现在语言的多样性方面,不同的语言具有完全不同的文化背景。例如,虽然现在英语是全球使用最广泛的语言,但中文仍然是全球使用人数最多的语言。在这两种语言背景下进行的语义分析和语义理解是完全不同的过程。中文作为世界上复杂程度最高的语言,很难通过机械化的运算手段来准确分析其中的含义。在中文中,一些非常细小的差异,甚至是标点符号的差异,都可能表达了完全不同的思想和态度。这也导致了文本挖掘方法不具备很强的应用普适性。也就是说,针对英文平台设计的基于内容的推荐算法很难应用到中文平台。对于其他语言也是如此。相比较而言,用户对服务的评分则具备较强的信息普适性,受到的文化差异影响不大,所以,基于评分的推荐算法可以忽略语言文化差异,从而具备了很强的算法通用性。

基于客观属性的内容推荐算法的思路比较简单。它可以分为基于项目属性的内容推荐算法和基于用户属性的内容推荐算法,以及二者相结合的混合属性内容推荐算法。以基于项目属性的内容推荐算法为例,该算法首先是将平台上的每个服务按照统一的属性规则进行属性划分和归类。属性的划分和归类对基于项目属性的内容推荐算法的推荐效果有着很大的影响。属性划分得越细致,属性归类得越准确,推荐准确率会越高。图 2.2(a)为大众点评平台上的服务属性的实例。从这个实例中可以看到该服务的人均消费属性(148 元/人)、服务类别属性(日本料理)和服务位置属性(距地铁 13 号线五道口站 B 南口步行 440 m)。由于大众点评平台会对发布的服务进行严格的审核,因此平台内部掌握了很多的服务属性相关信息。在进行了属性划分和归类之后,将平台上全部服务的属性进行整理录入。当用户在平台上产生服务需求行为时,即使用户只使用过一个服务,推荐系统也可以通过观察这个服务的属性,为用户推荐在平台上与该服务属性相似度最高的服务,从而最大程度满足用户的偏好。基于用户属性的内容推荐算法则与协同过滤推荐算法思想相似。首先寻找与目标用户属性相近度高的近邻用户群,然后根据这个近邻用户群的偏好,为目标用户进行服务推荐。图 2.2(b)为大众点评平台上的用户属性实例,作者根据自愿原则提供了性别、生日、家乡、常居地和婚姻状态五个属

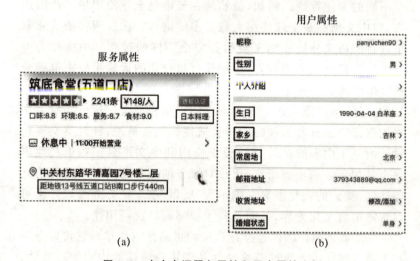

图 2.2 大众点评服务属性和用户属性实例

性信息。大众点评平台在合法渠道内也能掌握以上信息。混合属性内容推荐算法则是在推荐过程中同时考虑备选服务与目标用户使用过的服务的属性相似性以及目标用户的近邻用户群对这些备选服务的偏好。

基于客观属性的内容推荐算法的优势与基于主观评价的内容推荐算法的优势相似,都可以在一定程度上解决稀疏数据环境下的推荐不准确和推荐难的问题,这也是基于内容的推荐算法的最大优势。除此之外,基于用户属性的内容推荐算法可以在冷启动状态下推荐。在平台上新注册的用户并没有任何购买记录,此时,平台就采用基于用户属性的内容推荐算法为其推荐,从而解决了在冷启动状态下,其他推荐算法无法推荐的难题,并且生成的推荐结果也具备一定的准确度和可解释性。关于基于项目属性的内容推荐算法,只要服务属性划分得足够细致,属性归类得足够准确,也将产生很好的推荐效果。

基于客观属性的内容推荐算法的劣势也较为明显。基于用户属性的内容推荐算法,用户在平台上注册的信息往往是不准确且大量缺失的。这是因为为了吸引用户,绝大多数的平台都将用户注册的内容简化,至少不会强制用户提供与个人属性相关的信息。随着人们隐私保护意识的逐渐提高,用户通常也不愿意在互联网平台上暴露自己的隐私。所以,即使获取了用户完整的属性信息,根据用户属性计算偏好相似度也存在很多问题。例如,如何计算 1990 年出生的用户与 1991 年出生的用户关于年龄属性的相似度等一系列问题。对于目标用户,基于用户属性的内容推荐算法对他的近邻用户群界定不准确,导致最终的推荐效果受到影响。基于项目属性的内容推荐算法,最大的缺点就是当对服务属性划分和归类结束后,还要花费大量的财力和物力对每项服务的每个属性进行分析和录入。潘多拉音乐网站(https://www.pandora.com)的推荐引擎,就是基于对每一首歌曲超过 100 个属性的分析来对用户进行推荐,这些属性包括了歌曲的风格、年份、演唱者、旋律特征等。在这个过程中,潘多拉音乐公司邀请了数以百计的音乐人对歌曲属性进行了标注,耗费了巨大的人力和财力。

2.1.3 混合推荐算法

通过以上分析可知，基于评分的推荐算法和基于内容的推荐算法各有优势和劣势，如果将两种算法的优势结合，弥补其各自的劣势，推荐系统的推荐效果将得到显著提升。因此推荐系统绝大多数都采用混合推荐算法。随着推荐系统的迅速发展和相关研究的不断深入，学者们在基于评分的推荐算法和基于内容的推荐算法的基础上进行了大量的尝试和扩展，并结合了一些人工智能的方法，使得推荐系统的推荐效果有了很大的提升。

混合推荐算法的混合方式有以下几种：

(1) 加权混合推荐。加权混合推荐是指先使用不同的推荐算法进行计算，然后将得到的推荐结果和预测分数以加权的方式进一步组合，得到最终的推荐结果。由于不同场景下不同推荐算法的推荐结果不同，因此通常不会采用固定权值，而是通过动态调整权值得到不同的推荐结果。加权混合推荐简单、直接且易于理解。

(2) 转换型混合推荐。由于不同场景下不同推荐算法的推荐结果不同，在实际应用中通常是多种场景交替发生的，不限于单一场景；且加权混合推荐针对同一场景需进行两次或两次以上完整的计算，在实际应用中将消耗大量的计算资源。为解决以上两个问题，针对不同的场景，根据推荐系统的推荐效果设置好算法的优先级，在每一个场景下都选择推荐效果最好的推荐算法进行推荐，则能使推荐系统保持在较高水平，然而存在算法切换就必然需要确定在什么条件下进行切换，这就需要引入相关参数，增加了推荐系统的复杂度。

(3) 特征混合推荐。不同的推荐算法使用的数据源有差异，这些数据源可能蕴含着用户或商品的某种特征，基于评分的推荐算法使用了用户的消费、评分等历史数据，可以得到用户偏好的"隐式"特征；而在基于内容的推荐算法中，则会使用用户的客观属性，如用户在平台的注册信息等，这些是用户的"显式"特征。将这些"隐式"特征和"显示"特征组合，得到混合推荐算法。这一算法将推荐系统的各个阶段进行了分割，在不同阶段采用不同的算法，使得推荐系统的推荐效果较好。

除以上三种混合方式的推荐算法外，在工业界，为了使推荐系统的推荐效果更好，针对个性化的应用场景也有其他的如级联混合推荐等混合推荐方式。混合推荐的基本思想是在充分利用各种算法的优势，弥补或避开单个算法的劣势，使得推荐系统有较好的推荐效果。

2.2 前沿推荐算法

随着推荐系统的成熟和信息技术的发展，以及学术界和企业界对推荐系统的推荐效果提出的更高要求，一些人工智能的方法被应用到推荐算法中，这些方法包括 DL、NN、聚类分析（Cluster Analysis，CA）、MF、支持向量机（Support Vector Machines，SVM）、贝叶斯理论、图形图像分析、自然语言分析和网络分析等，它们弥补了已有推荐算法的不足。

2.2.1 矩阵分解

作为 2006 年 Netflix 推荐算法大赛获奖的核心算法，矩阵分解在推荐算法领域受到的关注度极高，应用也最为广泛。矩阵分解是以用户评分矩阵为基础，将用户偏好和服务映射到一个 k 维的矩阵空间上。具体地，假设有 m 个用户和 n 个服务，那么用户评分矩阵为一个 $m \times n$ 的矩阵。潜在因子的个数是可以自由设定的，通常通过反复实验来探究最佳的潜在因子个数。假定潜在因子个数为 k，通过矩阵分解，稀疏的用户评分 $m \times n$ 矩阵可以被分解为两个 $m \times k$ 和 $k \times n$ 的满秩矩阵，这两个矩阵分别为用户的潜在偏好矩阵和服务的潜在特征矩阵。在用户的潜在偏好矩阵中，每一行代表一个用户，k 个属性值代表对用户的潜在偏好进行 k 维分解后得到的结果，但是每个维度的含义是无法解释的，这也导致了矩阵分解的可解释性弱。同样地，在服务的潜在特征矩阵中，每一列代表一个服务，k 个属性值代表了对服务的潜在特征

进行 k 维分解后得到的结果，每个特征的具体含义也无法得到解释。基于这两个满秩矩阵，可以计算出用户评分矩阵中的空缺值，相当于得到了备选服务评分的预测，最后推荐结果的生成则与协同过滤推荐算法相似。矩阵分解是人工智能的方法在推荐系统的应用。它既有协同过滤推荐算法的数据结构简单和计算复杂度低的优势，又有机器学习的迭代学习过程。因此，使用矩阵分解的推荐系统推荐准确率较高。该方法自从在 Netflix 推荐算法大赛中展现了优异的推荐效果之后，开始得到企业界和学术界的广泛认可和关注。

2.2.2 机器学习

基于模型的协同过滤(Model-Based CF)主要是在推荐系统中运用机器学习的思想，将机器学习的相关算法运用到推荐系统中，实现高效的数据处理和精准的商品或服务推荐。常用的机器学习算法包括逻辑回归、决策树、贝叶斯理论、聚类等。如 Ansari A 等在基于内容的推荐算法基础上，融合了贝叶斯理论，提出了一种协变量驱动的监督主题推荐算法。该算法基于商品协变量、用户评分和商品标签等信息，通过潜在主题来标记商品特征和分类用户偏好。他们发现基于贝叶斯理论的推荐模型在多源异构大数据环境下具有较强的鲁棒性。在实验中，作者利用 MovieLens 数据集进一步验证了该算法的有效性。对于算法中近邻用户群的界定，采用 K-Means 算法，基于用户的多维理想向量对用户进行分类，界定目标用户的近邻用户群，取代协同过滤推荐算法中基于用户之间的偏好相似度衡量的近邻用户群界定方法，实验表明该算法的确具有一定有效性。Mantovani R. G. 等则提出了一种基于 SVM 的推荐算法，用于解决机器学习在推荐系统应用中存在的超参数训练难的问题。

2.2.3 深度学习

深度学习是 LeCun Y 等在《自然》上发表的论文中提出的，在计算机领域产生了爆炸式影响，对包括推荐系统在内的几乎全部信息科学领域的研究方向都产生了巨大的推动作用。深度学习应用在基于评分的推荐算法中，通常用来代替矩阵分解；应用在基于内容的算法中，可以对自然语言的语义进行分析，或从原始数据中挖掘新的特征，从而提升推荐系统的推荐效果。其中，Guan Y 等提出了一种基于物品图像、物品描述和物品评价等多源异构数据的深度学习推荐系统模型 Deep-MINE。实验表明，该模型在冷启动环境下具有较高的推荐准确度。Zhang W 等将神经网络应用到推荐系统时，提出了一种基于前馈神经网络的推荐算法 DeepRec。该算法通过商品嵌入过程和权值损失函数进行网络训练。实验表明 DeepRec 相比其他推荐算法，在提高推荐准确度的同时还增强了推荐结果的多样性。深度学习在推荐系统中的应用也存在计算效率低下等问题，为了解决这一问题，阿里巴巴的算法团队研发出了深度树匹配（Tree-Based Deep Match，TDM）算法，原创性地提出了以树结构来组织大规模的候选集合，建立用户兴趣的层次化依赖关系，并通过逐层树检索的方式对用户的偏好进行计算，从而实现为目标用户推荐商品的最终目标。该算法无论是在公开数据集上进行的离线测试，还是在阿里巴巴实际业务的线上测试中，推荐效果都极佳。

2.2.4　社会化推荐

除了一些人工智能的方法在推荐系统中的应用，结合推荐系统多元的应用场景，在不同场景下如何更好地利用推荐算法的研究也越来越多，不再局限于传统的 B2B 和 B2C 电子商务中。随着社交网络的发展，融合社交信息的社会化推荐也成为推荐领域的一个研究热点。Zhibo Wang 等提出了一种基于语义的社交网络好友推荐系统，该推荐系统利用用户的个人数据和手机数据进行好友推荐，实验表明该推荐系统在预测用户的朋友偏好时较为准确。Przemysław Kazienko 等提出了基于用户的多媒体共享信息推荐系统，试图利用该系统建立用户之间新的联系。

2.3 推荐系统中的重要问题

用户之间的偏好相似度衡量是协同过滤推荐算法最为核心的步骤,用户之间的偏好相似度衡量的准确与否不仅会影响近邻用户群的界定,也会影响备选服务评分的预测,会对最终的推荐效果产生巨大影响。数据稀疏问题影响着推荐系统的各个环节,是推荐系统面临的主要问题。

2.3.1 用户之间的偏好相似度衡量

无论是在传统的 B2B 和 B2C 平台,还是在 O2O 服务平台,用户对购买的商品或服务的评分是其偏好最直接的表现形式。在协同过滤推荐算法中,针对目标用户,首先了解他在平台上对服务的评分,然后寻找那些对这些服务也给过评分的用户群体,根据他们与目标用户对相同服务的评分来分别计算他们与目标用户之间的偏好相似度,接着筛选与目标用户偏好相似度较高的用户,作为目标用户的近邻用户群,最后根据近邻用户群的购买行为,预测目标用户的服务选择,并将最可能满足目标用户需求的服务推荐给他。具体地,就是在近邻用户群评过分但目标用户没有评分的服务中,选择若干个服务推荐给目标用户。在整个过程中,可以看到目标用户的近邻用户群的界定尤为关键,这一界定正是依赖于目标用户与其他用户的偏好相似度。所以,用户之间的偏好相似度衡量的准确与否将直接影响最后的推荐效果。

在基于项目的协同过滤推荐算法中,基于用户评分矩阵,PCC、余弦相似度、修正的余弦相似度、斯皮尔曼相关系数、Jaccard 系数等计算方法都可以用来计算用户之间的偏好相似度,其中 PCC 和余弦相似度是最常用的用户之间的偏好相似度计算方法。这两种方法的优点是:基于两个用户对相同服务的评分,能够非常准确地计算出二者偏好的数值距离。但实际上,由于服务数量和用户数量过于庞大,用户评分矩阵往往非常稀疏。在这种情况下,用户使用过的相同服务的数量往往很少,并且这些相同服务通常只占用户使用过的全部服务的一小部分,这一小部分服务的评分并不能充分反映用户各自的偏好。因此,计算出的偏好相似度也是存在偏差的。

表 2.3 中的数据来源于本文使用的 O2O 服务数据集的一部分。在部分数据中,u_p、u_q 和 u_r 为 3 个用户,他们在平台上使用过 O2O 服务的元素为 9 个。也就是说 3 个用户使用过 O2O 服务总数为 9 个,它们分别是 os_1、os_2、os_3、os_4、os_5、os_6、os_7、os_8 和 os_9。其中,u_p 使用过的服务 os_1、os_2、os_3、os_4、os_7 和 os_8,给出的评分如表 2.3 所示。同理,u_q 使用过的服务 os_2、os_3、os_4、os_5 和 os_6 并给出了评分;u_r 使用过的服务 os_3、os_4、os_5、os_6 和 os_9 并给出了评分。假定 u_r 为目标用户,协同过滤推荐算法采用 PCC 分别计算 u_r 与 u_p 以及 u_r 与 u_q 的偏好相似度 $sim_{r,p}$ 和 $sim_{r,q}$。计算结果为 $sim_{r,p}=1$ 和 $sim_{r,q}=0$。这是因为 u_p 和 u_r 对他们使用过的 os_3 和 os_4 给出了完全相同的评分,所以 $sim_{r,p}=1$。但是,因为 u_q 和 u_r 对他们使用过的服务 os_3、os_4、os_5 和 os_6 给出完全相反的评分,导致 $sim_{r,q}=0$。因此在协同过滤推荐算法中,u_q 将不能成为目标用户 u_r 的近邻用户。事实是,即便 u_q 和 u_r 对他们使用过的相同服务给出了完全相反的评分,但是这些服务的数量分别都占到他们各自使用过的服务数量的 80%,也就说,在平台众多备选服务当中,他们不约而同地选择了一定数量的相同服务,即使他们对这些服务的使用感受存在很大分歧,但是能够有如此相似的服务选择行为,也可以充分说明 u_q 和 u_r 有着非常相近的偏好。相比而言,u_p 和 u_r 使用过的相同服务只有 os_3 和 os_4,仅占到他们各自使用过的服务总数的 33% 和 40%,即便他们给出了完全相同的评分,但是由于他们使用过的服务数量过少,并不能充分说明他们具有完全相同的偏好。在协同过滤推荐算法中,如果使用 PCC 计算用户之间的偏好相似度,u_r 与 u_p 的偏好相似度远高于 u_r 与 u_q 的偏好相似度。从以上分析可以看出,在稀疏数据环境下,并不能仅仅基于 PCC 的结果推测 u_p 和 u_q 当中谁和 u_r 的偏好更为相近。因此,在基于评分的推荐算法中,对用户之间的偏好相似度衡量不能仅仅依赖于 PCC 等单纯的数值计算。近年来,学者们使用非对称相似度、遗传算法等方式计算用户之间的偏好相似度,以提高衡量结

果的准确度。

表 2.3 3 个 O2O 用户对 9 个 O2O 服务的评分(O2O 服务数据集)

	os_1	os_2	os_3	os_4	os_5	os_6	os_7	os_8	os_9
u_p	4	4	5	5			3	4	
u_q		5	1	1	1	5			
u_r			5	5	5	1			3

2.3.2 数据稀疏性

推荐系统的运行建立在用户与服务的历史交互数据基础之上,通常指的是用户对使用过的服务的评分。但是,由于平台上服务的数量过于庞大,因此每个用户只能和平台中极小部分的服务发生交互,同时,平台上的任意一个服务也很难被绝大多数的用户所使用,这使得在庞大的用户评分矩阵中,绝大部分的数据是空缺的,也就是矩阵的数据密度会非常稀疏。即便随着时间的推移,"老"用户对"老"服务的评价数量可能会增多,但是,平台为了追求更高的利润,往往会持续增加更多新的服务,并通过各种营销方式来吸引新的用户。随着平台规模的扩张,平台用户数量和服务数量都会飞速增长,进而加剧了用户评分矩阵中的数据稀疏问题。表 2.4 总结了推荐系统常用的数据集及其数据密度,这些数据集的数据密度均低于 10%。表 2.5 展示了本文作者采用的部分 O2O 服务数据集示例,该数据集的数据密度为 9%。

表 2.4 推荐系统常用数据集密度

数据集	用户数量/个	项目数量/个	评分数量/个	数据密度
MoveLens 100K	943	1682	100,000	6%
MovieLens 1M	3000	3000	458,369	5%
Netflix	3000	3000	128,121	1%
Yahoo! music	6000	4000	230,773	0.9%
BookCrossing	4006	4687	76,205	0.4%
大众点评(本文数据)	502,247	12,923	636,072,722	9%

表 2.5 部分 O2O 服务数据集示例

用户/个	O2O 服务/个						
	1	1	2	3	4	…	12,923
1	4	0	0	0	0	…	0
2	0	0	0	0	0	…	0
3	0	0	0	0	0	…	0
4	0	4	0	2	0	…	0
…	…	…	…	…	…	…	…
502,247	0	0	0	0	0	…	0

数据稀疏问题导致推荐系统中用于衡量用户之间偏好相似度的数据严重不足，以至于不能达到令人满意的推荐效果。常用的解决方法是适当补充数据，提高用户评分矩阵的数据密度。但无论是采用最简单的平均值、众数或是中位数的补充方式，还是复杂的矩阵分解方式，补充的数据都不是用户的真实评分数据，均为有偏估计，破坏了原始数据的真实性。

数据稀疏问题始终是推荐系统的一大挑战，在学术界研究的热度也一直居高不下。Zeinab Sharifi 等使用负矩阵分解方法对原始数据进行处理，基于降维对原始数据进行预测，相对于奇异值分解，有更好的效果。Ashrf Althbiti 等使用聚类和人工神经网络对原始数据降维，也取得了良好的推荐效果。同样，本书提出的算法重点也是在解决数据稀疏问题，第 4 章基于网络的 O2O 服务推荐算法最大的特征就是在不破坏数据完整性和真实性的基础上，通过网络构建的方法来提高稀疏数据环境下的推荐算法的准确度。

2.3.3 备选服务评分预测与排序

推荐系统的最终目的是根据不同用户的偏好，为其"量身"生成备选服务的个性化推荐列表，并将列表中前若干个（具体推荐的服务数目根据平台运营需求决定）最有可能满足该用户需求、符合该用户偏好的服务推荐给他。

当面临稀疏数据问题时，备选服务评分预测与排序将受到两方面的影响：① 备选服务的评分预测是基于近邻用户群的评分结果得到的。当数据稀疏时，协同过滤推荐算法中的 PCC 很难准确地计算出用户的偏好相似度，从而影响了近邻用户群界定的准确度。这导致了目标用户的偏好与近邻用户群的偏好存在较大差异，使得近邻用户群的评分不能准确地预测目标用户的评分。除此之外，在备选服务的评分预测的计算公式中也包含了用户之间的偏好相似度值。因此，当数据稀疏时，备选服务的评分预测将会受到二次影响。由此可见用户之间的偏好相似度衡量在推荐系统中的重要性。② 根据备选服务的定义可知有机会推荐给目标用户的服务只可能是他的近邻用户群使用过的服务。当数据稀疏时，备选服务的数量通常较少，特别是在刚建立不久的服务平台。这个问题更为严重，从而导致了推荐难的问题。这也就是推荐系统中经常存在的冷启动问题。可以想象，对于一个拥有庞大服务数量的平台，只将其中极小部分的服务作为备选服务显然是很难满足用户偏好的。因此推荐系统使用的推荐算法在改进用户之间的偏好相似度衡量方法的同时，要利用网络拓扑结构的优势，将平台上绝大多数服务纳入目标用户的备选服务集中，从而解决稀疏数据环境下的推荐不准确和推荐难的问题。

2.3.4 冷启动问题

推荐系统中的冷启动问题是数据稀疏问题的一个极端特例，它包括了新用户问题、新服务问题和最为棘手的新平台问题。新用户问题指在一个平台上，当推荐系统面对一个新注册用户时，由于他没有在平台上有过任何的服务使用行为，是没有办法获取其偏好的。因此，基于评分的推荐算法针对该用户无法生成任何的推荐结果。同样地，新服务问题是指一个新加入平台且未被任何用户使用过的服务，基于评分的推荐算法也同样不会把该服务推荐给任何一个用户。针对这两个问题，基于内容的推荐算法可以尝试解决。该类型的推荐算法以新用户或者新服务的属性描述为基础，寻找与其相似的用户或者服务，尝试进行推荐。由于属性描述具有数据量大和数据异构程度高的特征,基于内容的推荐算法在应用中存在很大困难。相比新服务和新用户这两个问题,新平台问题更难解决。对于一个刚上线的 O2O 服务平台,将同时面临新用户和新服务这两个难题。但是,只要该平台上产生了用户与服务的交互行为,本书提出的基于网络的 O2O 服务推荐算法就可以在已有条件下最大程度地满足用户的推荐需求。

2.4 推荐效果评估

本节主要针对推荐算法实验过程中的一些常见问题进行总结和分析,绝大多数内容与本书第 3 和 4 章中的算法实验部分紧密联系。在本节中,首先,对 MovieLens、Netflix 和 QoS 这三个推荐算法常用数据集进行介绍和特征分析;其次,介绍和分析推荐算法中常用对比实验的设计方案和参数实验设计方案,并根据推荐算法实验的特征,提出一种改进的交叉验证方法;最后,本节对推荐算法的两个常用的评估指标,即评分预测准确度和推荐准确度进行阐述、分析和对比,它们也是推荐算法实验结果的主要评估方法。

2.4.1 常用数据集及特征

在推荐系统研究领域,常在推荐算法中用一些公开数据集,这样做的好处是可以保证不同推荐算法之间的可比性,使新的推荐算法的推荐效果具备客观说服力。推荐算法常用的公开数据集来源于 MovieLens、Netflix、QoS、WikiLens、Book-Crossing 和 Jester 等。下面对最为常用和有特殊应用领域的数据集进行简单的介绍。

1. MovieLens

MovieLens 数据集是推荐算法最常用的公开数据集。这个数据集由美国明尼苏达大学的 GroupLens 小组采集于电影推荐网站 MovieLens。根据数据规模的大小,可分为 MovieLens 100K 数据集、MovieLens 1M 数据集和 MovieLens 10M 数据集。

该数据集来源于 MovieLens 网站从 1997 年 4 月 22 日至 1998 年 4 月 22 日 7 个月的真实数据，包含了 943 个用户对 1682 部电影的 100,000 个评分，评分的取值范围为 1～5 分。为了保证数据密度，数据集中的 943 个用户是通过筛选得到的，筛选标准是每个用户至少给 20 部电影进行评分。即便如此，MovieLens 100K 数据集的数据密度也仅为 6.30%。除此之外，该数据集还包括了电影和用户的部分属性信息，如电影类型、用户年龄、用户性别、用户职业和用户居住地邮编等，但在本书中，未涉及属性信息的应用。

2. Netflix

Netflix 数据集是 Netflix 2006 年举办的推荐算法大赛时提供的数据集。由于 Netflix 对能将该平台的推荐成功率提高 10% 的团队提供百万美元的奖励，该大赛引起了企业界和学术界的广泛关注。大赛过后，大赛所用的数据集也成为推荐算法常用的公开数据集。Netflix 数据集包含了大约 500,000 个用户对 17,000 部电影的 100,000,000 个评分，评分的数据类型与 MovieLens 数据集的数据类型相同。该数据集的数据密度约为 1.18%。

3. QoS 数据集

QoS 数据集是主要应用于 Web 服务推荐领域的公开数据集。香港中文大学的 WSDream 团队收集了来自 30 个国家的 339 个用户数据，这些用户调用了来自 73 个国家的 5825 个网络服务，最终这些服务中的有效数据被收集并组成了 QoS 数据集，其中包括服务的响应时间和吞吐量，形成了两个均包含 1,974,625 条数据的响应时间矩阵和吞吐量矩阵。相比其他推荐算法使用的数据集，QoS 数据集具有满数据特征，可以用来测试任意数据密度下的推荐算法效果。

2.4.2　常用实验设计方案

推荐算法根据算法模型和研究内容的不同，实验设计方案也存在很大差别。但是因为绝大多数推荐算法都关注推荐效果，所以，在实验设计方案方面也具有一定的相似性。本小节首先介绍基于评分的推荐算法类别下的用户评分矩阵的数据特征;然后介绍两种推荐算法中最常用的实验设计方案,分别为对比实验设计方案和参数实验设计方案,这两种实验设计方案在本书后续实验中均有应用;最后根据推荐算法的实验特征提出一种改进的交叉验证方法,以保证每个实验结果的可靠性。

1. 推荐系统数据集特征

除了 Netflix 推荐算法大赛、天猫天池杯推荐算法大赛之外,绝大多数推荐算法均使用离线数据集来验证推荐效果。在 2.4.1 节已经对其中几个重要的离线数据集进行了介绍和分析。推荐算法的实验特征是只能应用已存在的数据来验证推荐效果,对空缺值的预测则不具备任何意义。例如,图 2.3 表示 10 个用户对 10 个服务的用户评分矩阵,每一个方框代表一个可能存在的评分,易知该数据集如为满集的情况下应有 100 个评分。假定它的数据密度为 10%(已超过 MovieLens 100K 的数据密度 6.30%),那么,在这 100 个方框中只存在 10 个评分,其余的均为空缺值。如图 2.3 所示,用黑色方框和灰色方框表示存在的 10 个评分,白色方框表示其余 90 个空缺值。在推荐算法实验中,只能用这 10 个评分作为算法的输入来验证推荐算法的效果,也就是说要将这仅存的 10 个评分分为两部分,一部分作为推荐算法的输入数据,其余的用来验证推荐算法的效果(具体步骤将在对比实验设计方案中给出)。这时由于空缺评分(白色方框)不存在参考值,因此用存在的评分来预测这些空缺评分的结果是无法用来评估算法的推荐效果的。在图 2.3 的示例中,推荐系统用 10 个评分中的 8 个评分(黑色方框)作为模型的输入来预测另外 2 个存在的评分(灰色方框)。然后,通过预测值和真实值的比较来评估算法的推荐效果。因此,在这个例子中,推荐算法的输入数据密度仅为 8%。因此,即便原始数据集的密度已经很低,但其中的数据仍不能全部作为算法的输入,因为要保留部分数据来验证推荐算法的效果。这也是推荐算法常用数据集都要经过一些处理使其数据密度高于原始数据密度的原因。例如,MovieLens 100K 数据集中的用户均为评价过 20 部以上电影的相对活跃用户。在此情况下,抽取一部分存在的数据,其数据密度才最接近真实的数据密度。

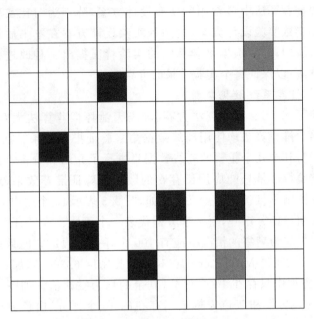

图 2.3　推荐算法中的数据特征

2. 对比实验设计方案

对比实验是推荐算法中最常见、最基本的实验设计方案。它通过比较新的推荐算法与已存在的推荐算法(对比推荐算法)的推荐效果,分析新的推荐算法的优势和不足。本书用到的对比实验的推荐算法主要分为两类:第一类是经典推荐算法,以协同过滤推荐算法为主,包括了基于项目的协同过滤推荐算法、基于用户的协同过滤推荐算法和二者相结合的混合协同过滤推荐算法;第二类是应用了一些人工智能的算法,包括矩阵分解(Matrix Fuctorization,MF)、聚类分析(Clustering Analysis,CA)、奇异值分解(Singular Value Decomposition,SVD)、NN 和 DL。以上对比实验推荐算法涉及的参数设置如表 2.6 所示,后文将不再重复叙述。在对比实验中新的推荐算法的参数通常设定为中性值,例如权值设置为 0.5 等。

表 2.6 对比实验推荐算法涉及的参数设置

算法		参数设置
协同过滤推荐算法	基于项目的	Top-K 设置成 30
	基于用户的	参数设置与基于项目的参数设置相同
	混合的	基于项目的和基于用户的推荐算法混合因子 a 设置为 0.5,其他参数设置与基于项目的相同
矩阵分解		潜在因子 k 的个数设置为 25,学习速率 r 设置为 0.1,误差阈值设置为 0.01,最大迭代次数设置为 1,000,000 次
奇异值分解		参数设置与矩阵分解相同
K-Means		聚类个数 K 设置为 10
NN(BP-NN)		神经网络架构设置为三层神经网络架构,包括输入层、隐藏层和输出层,隐藏层节点个数设置为 15,其他参数设置与矩阵分解相同
DL(DeepRec)		深度神经网络隐藏层个数设置为 100 层,每一个隐藏层的节点个数在 50~100 个之间,其他参数设置与 NN 相同

在对比实验中,首先随机抽取一部分数据作为算法的输入,这部分数据为训练集,其余数据被用来评估算法的推荐效果,称为验证集。在数据抽取过程中,通常以 10% 为步长,进行 9 次抽取,即分别抽取 10% 到 90% 的实验数据作为训练集,其余数据作为验证集,进行 9 组实验。在每组实验中,记录新推荐算法与对比推荐算法的推荐效果,从而进行比较分析。例如,以表 2.6 中的 8 个对比实验推荐算法为例,假设提出了一种新的推荐算法,那么第一组实验首先在实验数据中抽取 10% 的数据作为训练集,将其分别输入新的推荐算法和 8 个对比实验推荐算法进行 9 次实验,从而得到 9 个推荐结果。然后,对不同数据密度的训练集以此类推。最后,基于 9 组实验中的 81 个推荐结果,对新算法和对比实验推荐算法进行比较和分析。除此之外,为了保证每个实验结果的可靠性和

无偏性,本书的实验结果均通过交叉验证方式得到,关于交叉验证的相关过程将在本节最后给出。

3. 参数实验设计方案

大多数推荐算法都会包含权值。在对比实验中,权值被设置为中性值,例如 0.5。实验参数设置专门针对新提出的推荐算法,通过调整新推荐算法的权值来观察推荐效果,从而探寻这些权值在算法中的最佳取值,并对权值调整过程中推荐算法推荐效果的变化以及权值的最佳取值进行分析和解释。本书提出的推荐算法通常存在多个权值,那么就依据权值在新推荐算法中出现的先后顺序来迭代分析。如果在新推荐算法的计算过程中先后涉及两个权值 α 和 β。先进行 α 的实验,在这个实验过程中,β 的值设置为 0.5。假定 α 的取值范围在 (0,1),将 α 以 0.1 为步长取值,观察 α 的不同取值推荐算法的推荐效果。为了探究不同场景 α 的取值对新推荐算法推荐效果的影响,实验数据密度和推荐服务数量(Top-N)均会采用不同的设计方案。考虑到在实际推荐过程中,平台通常将少量的服务呈现给用户,为了避免实验环境下,由于推荐服务数量过少导致实验结果有偏性,实验的推荐服务数量 Top-N 取值分别为 5、10、15 和 20。在参数实验中首先给定 Top-N 的值,然后进行实验数据密度分别为 20%、40%、60%、80% 4 组实验。在每组实验中,观察 α 的取值对新推荐算法推荐效果的影响,然后,调整 Top-N 的取值并以上述相同过程进行实验,最后得到 Top-N 在 4 个取值情况下的 4 组实验结果。在完成针对 α 取值的实验后,以相同的方式对 β 进行取值实验。要注意的是,在 β 取值实验的过程中,α 的取值为之前实验获得的最佳取值,而不是 0.5。

4. 交叉验证

在推荐算法的研究中,单次实验结果通常存在随机性、有偏性等问题,影响了实验结果的可靠性。为了解决这些问题,通常采用交叉验证(Cross-Validation,CV)方法来提高结果的可靠性和稳定性。其中,K 折交叉验证(K-Fold CV,K-CV)是最常用的方法。K-CV 的核心思想是保证每项数据至少做过一次训练集数据且只做过一次测试集数据。K-CV 的过程是先将原始数据随机平分为

K 个子数据集,然后,依次将每个子数据集作为测试集,其余 $K-1$ 个子数据集作为训练集,进行 K 次实验,最后,将 K 次实验结果的平均值作为最终的实验结果。在 K-CV 中,K 通常取值为 10,因此,10 折交叉验证是最常用的交叉验证方式,其过程如图 2.4 所示。其中,灰色方框代表测试集,白色方框代表训练集,通过计算这 10 次实验结果($R_1,\cdots R_{10}$)的平均值得到本次实验最终的结果。在 K-CV 中,每一项数据(例如用户评分矩阵中的每个评分)都在实验中做过训练集数据和测试集数据,从而保证了最终的实验结果是建立在多次重复实验结果的基础上,还确保了每一项数据在实验中的完备使用,最大程度降低了最终实验结果的随机性,提高了实验结果的可靠性。

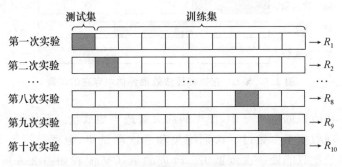

图 2.4 10-CV 过程

K-CV 的原则要求每一项数据仅可以在测试集出现一次。因此,它在推荐算法的应用会存在一定的问题。以 10 折交叉验证在推荐算法中的应用为例。根据 10 折交叉验证的操作流程,首先将用户评分矩阵的数据等分为 10 个子数据集;然后依次将其中的 1 个子数据集作为训练集,其余 9 个子数据集作为训练集,进行 10 次实验;最后将 10 次实验结果的平均值作为最终的实验结果。然而,不难发现,该实验得到的仅仅是 90%的实验数据作为训练集的情况下的推荐效果评估。由于在推荐算法实验中,调整实验数据密度是算法效果评估过程中的一个必要步骤。当实验数据密度不为 90%时,根据 K-CV 规定的每一项数据仅可以做一次测试集数据的这个原则,该方法在推荐算法实验中就会存在一定问题。如图 2.5 所示,灰色方块代表测试集,白色方块代表训练集。当 66% 的实验数据为训练集时,33% 的实验数据为测试集,根据 K-CV 的原则,K 只能取 3,那么实验次数仅为 3 次,这 3 次实验结果(R_1、R_2 和 R_3)的平均值将是最终的实验结果。而当 50% 的实验数据为测试集时,在此原则限制下,实验次数仅为 1 次。因此,经典的 K 折交叉验证在推荐算法效果评估过程中,会存在由于实验次数不足而无法保证实验结果可靠性这一问题。因此,本书对 K 折交叉验证进行了改进,使其适用于推荐算法的研究。

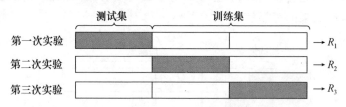

图 2.5　K-CV 在推荐算法效果评估中存在的问题

在改进的 K-CV 中,原则的约束被适当地放松。新的原则为:每一项数据至少做过一次训练集和一次测试集,也就是说不要求每项数据只能做一次测试集。改进的 K-CV 流程如图 2.6 所示,首先,将原始数据集随机平分为 K 个子数据集,该步骤与 K-CV 相同;然后,从 K 个子数据集中依次选取 N 个子数据集($0<N<K$)作为训练集,其余的 K-N 个子数据集作为测试集,在这一步骤中,测试集的规模由 K-CV 中的 1 个子数据集扩大到了 K-N 个子数据集;最后,进行 K 次实验,通过计算 K 次实验结果的平均值得到最终的实验结果。当 K 取 10 时,在这个改进的 10-CV 中,训练集数据密度则由 N 的取值决定。当以 10% 为步长,取 10% 到 90% 的实验数据作为训练集时,对应 N 的取值则从 1 到 9 以 1 为步长递增。并且,在改进的 10-CV 中,N 在任何取值下,最终的实验结果都是 10 次实验结果的平均值,且每一项数据都在实验中做过训练集和测试集。

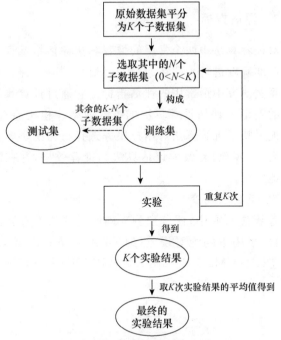

图 2.6 改进的 K-CV 过程

图 2.7 通过一个示例介绍当 70% 的实验数据为训练集时,本书提出的改进的 10-CV 在推荐算法实验中的应用。首先将原始数据集随机平分为 10 个子数据集,然后依次选取其中的 3 个子数据集为测试集,其余 7 个子数据集为训练集,进行 10 次实验,10 次实验结果的平均值则为最终的实验结果。

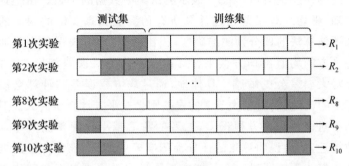

图 2.7 改进的 10-CV 的应用实例(取 70% 的实验数据为训练集)

2.4.3 评估指标

本节对推荐算法中两个常用的推荐算法评估指标评分预测准确度和推荐准确度进行了阐述、分析和对比。其中,评分预测准确度是推荐算法研究中最常用的评估指标。它通过计算预测评分与真实评分的差距来评估推荐算法的推荐效果。相比而言,推荐准确度直观地反映了推荐算法对用户服务选择行为的影响,因此,它可以更加真实、客观、有效地评估算法的推荐效果,并在近些年来得到广泛地应用。

1. 评分预测准确度

在推荐算法研究中,评分预测准确度是评估推荐算法最常用的指标,通常采用平均绝对误差(Mean Absolute Error,MAE)和均方根误差(Root Mean Square Error,RMSE)来进行计算。公式如下:

$$MAE = \frac{\sum_{r_{i,j} \in S_t} |r_{i,j} - \hat{r}_{i,j}|}{|S_t|} \quad (2.4)$$

$$RMSE = \sqrt{\frac{\sum_{r_{i,j} \in S_t} (r_{i,j} - \hat{r}_{i,j})^2}{|S_t|}} \quad (2.5)$$

在上述公式中,S_t 为测试数据集,$r_{i,j}$ 和 $\hat{r}_{i,j}$ 分别是用户 i 对服务 j 的真实评分和计算得到的预测评分。$|r_{i,j} - \hat{r}_{i,j}|$ 则表示二者之间的误差绝对值。$|S_t|$ 表示测试集中数据的个数。由上述公式可知,平均绝对误差通过计算所有预测值和真实值的误差的均值来评估算法的评分预测准确度,相比而言,均方根误差则是通过误差平方的均值再均方根来计算。与平均绝对误差相比,均方根误差对大误差会更敏感。具体地,通过均方根误差的计算会淡化小于 1 的误差,而对于大于 1 的误差则会被平方计算所放大。对于平均绝对误差和均方根误差,二者的数值越小代表预测值与真实值越接近,从而说明算法的评分预测准确度越高,推荐算法的推荐效果越好。下面通过一个示例来具体说明平均绝对误差和均方根

误差的计算过程。

表 2.7 平均绝对误差和均方根误差计算示例

	服务 1	服务 2	服务 3	服务 4	服务 5
真实值(r)	4	5	3	1	5
预测值($\hat{r}$)	2.3	4.2	1.3	4.5	3.8

在表 2.7 中,假定用户 i 对服务 1、服务 2、服务 3、服务 4 和服务 5 的真实评分分别为 4、5、3、1 和 5。通过推荐算法的计算得到的用户 i 对这 5 个服务的预测评分分别是 2.3、4.2、1.3、4.5 和 3.8。那么,反映该算法评分预测准确度指标的平均绝对误差和均方根误差的计算公式如下:

$$\text{MAE} = \frac{|r_{i,1}-\hat{r}_{i,1}|+|r_{i,2}-\hat{r}_{i,2}|+|r_{i,3}-\hat{r}_{i,3}|+|r_{i,4}-\hat{r}_{i,4}|+|r_{i,5}-\hat{r}_{i,5}|}{|S_t|}$$

$$= \frac{|4-2.3|+|5-4.2|+|3-1.3|+|1-4.5|+|5-3.8|}{5}$$

$$= 1.78 \tag{2.6}$$

$$\text{RMSE} = \sqrt{\frac{\sum_{r_{i,j} \in S_t}(r_{i,j}-\hat{r}_{i,j})^2}{|S_t|}}$$

$$= \sqrt{\frac{(r_{i,1}-\hat{r}_{i,1})^2+(r_{i,2}-\hat{r}_{i,2})^2+(r_{i,3}-\hat{r}_{i,3})^2+(r_{i,4}-\hat{r}_{i,4})^2+(r_{i,5}-\hat{r}_{i,5})^2}{|S_t|}}$$

$$= \sqrt{\frac{(4-2.3)^2+(5-4.2)^2+(3-1.3)^2+(1-4.5)^2+(5-3.8)^2}{5}}$$

$$= 2 \tag{2.7}$$

一般情况下,在推荐系统的实际应用过程中,平台通常不会把预测到的结果直接呈现给用户,因为即便用户得到了这个预测结果,也会对其计算过程的合理性产生怀疑,从而很难在服务选择中采纳这个推荐结果。推荐系统的目标是让用户选择其推荐的服务,从而在降低用户选择困难的同时提升平台的销售额,因此,平台运营商和算法设计者最关心的问题是推荐的服务用户有没有使用? 使用了多少? 以及在用户使用过的所有服务中有多少是平台推荐的? 由此可见,评分预测准确度可以从一定层面上评估推荐算法的效果,但是得到的预测结果并不是平台运营商和算法设计者真正关心的。

2. 推荐准确度

推荐准确度是近年来推荐算法研究中,用来评估算法推荐效果的常用指标,也是包括 Netflix 推荐算法大赛和天猫天池杯推荐算法大赛在内的比赛中采用的评估指标。该指标的优势是能够准确、真实和客观地反映推荐算法的推荐效果。推荐准确度从两个不同的角度来评估推荐算法的推荐效果,分别是选择率和召回率。

选择率用来评估推荐算法的推荐准确度,即用户使用的服务数量,它的计算公式如下:

$$Precision = \frac{|S_{r \rightarrow c}|}{|S_r|} \tag{2.8}$$

在上述公式中,$Precision$ 代表选择率,S_r 代表推荐服务的集合,$|S_r|$ 代表推荐服务的数量。$S_{r \rightarrow c}$ 代表在推荐的服务中,用户选择的服务集合,$|S_{r \rightarrow c}|$ 代表在推荐的服务中,用户选择的服务数量,所以,集合 $S_{r \rightarrow c}$ 为 S_r 的子集。通过选择率的定义和计算公式可知,该指标反映了用户使用推荐服务的数量,可以直观地评估推荐算法的推荐准确度。

选择率无法评估推荐算法对用户服务使用行为的影响,即用户使用过的服务当中有多少是平台推荐的。在实际中,可能出现下述情况,即平台推荐的服务用户几乎都被使用了,但是该用户本身就是活跃用户,服务使用量很大。在这种情况下,平台推荐给他的服务只占他使用过的服务的一小部分。因此,很难评估推荐算法对他服务选择行为的影响,从而也就无法证明推荐算法的有效性。召回率用来弥补选择率存在的缺陷,它用来计算用户使用过的全部服务中,使用平台推荐的服务的数量。计算公式如下:

$$Recall = \frac{|S_{r \rightarrow c}|}{|S_u|} \tag{2.9}$$

在上述公式中,$Recall$ 代表召回率,S_u 代表用户使用过的全

部服务的集合，$|S_u|$ 代表该集合中的服务总数。与选择率评估的角度不同，召回率可以反映推荐算法对用户服务选择行为的影响。进一步分析这两个评估指标，假定平台推荐给用户的服务数量很少，在此情况下，选择率可能很高，但是召回率却很低。例如，考虑下述极端情况：当平台只向用户推荐了 1 个服务，并且用户选择了这个服务，此时的算法选择率是 100%，然而，如果该用户在平台上使用过 100 个服务，那么，算法的召回率仅为 1%。相反的，如果将大量的服务推荐给用户，那么，这些推荐的服务会很大程度上覆盖到用户的大部分需求。这种情况下，算法的召回率会很高，但是选择率却会受到很大影响。再次考虑以下极端情况：当平台将全部服务都推荐给了用户时，此时的召回率为 100%，但是通过之前的分析，可以知道用户在平台上使用过的服务只占平台全部服务的极小部分，因此，这种情形下的选择率将趋近于 0。

由上述分析可知，选择率和召回率存在着一种此消彼长的关系。将选择率和召回率结合，引入了 F 值来综合评估推荐算法的准确度。它的计算公式如下：

$$F\text{-}Score = \frac{2 * Precision * Recall}{Precision + Recall} \qquad (2.10)$$

F 值对选择率和召回率进行了等比例的调和平均。以下通过一个简单的示例对选择率、召回率和 F 值的计算和相互关系进行说明。假设平台向用户 i 推荐了 10 个服务，用户选择了其中的 3 个且他在平台上一共使用过 20 个服务。对于该用户，平台推荐算法的选择率、召回率的和 F 值分别为 30%、15% 和 20%。

评分预测准确度和推荐准确度是推荐系统研究中最为常用的评估指标，也是本书后面章节的实验中用到的评估指标。在推荐系统研究中，除了以上提到的两种评估指标外，还有排序相似性、AUC 曲线等评估方法。除此之外，根据对推荐系统研究的侧重点不同，评估指标也存在差异。例如，近年来在推荐系统领域比较热门的关于推荐多样性的研究中，提出了一些专门评估推荐结果多样性的指标，用以评估推荐算法的结果能多大程度满足用户的需求多样性。

2.5 O2O 服务推荐

本节为后续章节的算法设计思想和实验数据进行了铺垫,2.5.1 节介绍了大众点评 O2O 服务平台和数据集;2.5.2 节介绍了具有地理位置特征的 O2O 服务推荐算法的设计。

2.5.1 大众点评 O2O 服务平台和数据集

本节首先简单介绍了大众点评平台,然后介绍了该平台的数据采集和 O2O 服务数据集的形成过程,同时对该数据集的特征进行了分析,最后介绍了线上评论信息普遍存在的缺失性和有偏性问题,并分析了大众点评对这两个问题采取的应对措施。

1. 大众点评 O2O 服务平台

大众点评创立于 2003 年,经过 20 多年的发展,目前已成为中国最大的 O2O 服务平台。平台业务也从创立时仅有的餐饮 O2O 服务拓展至餐饮、交通、旅游、休闲娱乐等 200 多个服务类别,业务范围覆盖 2800 个市、县(区)。2018 年全年,大众点评的总交易金额达到 5,156.4 亿元人民币,同比增长 44.3%。截至 2018 年底,平台交易用户总数达到 4 亿人,活跃商家总数为 580 万家。在平台提供的 O2O 服务中,餐饮团购服务是最早出现、使用率最高并且最被大众接受的 O2O 服务。由于餐饮服务商为了增加营业额、提高人气,往往会选择在大众点评上发布一些低折扣的套餐或折扣券来吸引用户,使用户逐渐养成了一种"吃饭前,先看团购"的餐饮消费行为模式。用户首先会在平台选择、购买喜欢的套餐或是折扣券,支付成功后会得到平台提供的验证码;然后,用户前往提供该团购服务的餐厅,在餐厅成功核验购买的验证码后,餐厅为用户提供验证码对应的套餐或折扣;最后,在用户享用完餐饮服务后,可以在平台上发布自己对服务的评价,为平台的其他用户提供参考。本书实验部分所用的数据集就来源于大众点评上公开的评价信息,具体的数据采集过程将在下一节介绍。

2. 大众点评 O2O 服务数据集

由于在大众点评上，餐饮团购服务是使用最广泛的 O2O 服务类别，同时，考虑到 O2O 服务具有较强的地理位置特征，因此，本书作者采集了截至 2018 年 10 月 21 日，北京地区大众点评网站上公开的有关用户与餐饮团购的交互信息。O2O 服务数据集采集过程如图 2.8 所示。首先，通过 Python 在 O2O 服务历史交互信息页面中提取餐厅名(RID)、用户名(UID)、综合评分(Score)、口味评分(T_Score)、环境评分(E_Score)、服务评分(S_Score)和用户等级(U_Level)这 7 个字段信息，形成 1 条记录。为了保证能够获取北京地区完整的用户和餐饮团购交互信息，作者在 Python 3.5 环境下使用 Spyder(版本：3.0.0)编译器编写了两种不同逻辑的爬虫代码，分别获取了 1,121,123,419 和 739,412,901 条记录。经过去重处理后，最终得到 502,247 个用户对 12,923 个餐饮团购服务给出的 636,072,722 条评价记录，数据密度约为 9.8%。然后，使用 MATLAB(版本：R2016a)将 RID 和 UID 字段数字化，用不同的数字编号代表不同的用户和服务，并从这些数据中提取 RID、UID 和 Score 这 3 个字段，其余字段在本书提出的推荐算法中并未使用到，它们在未来工作中会加以考虑。最后，在 Java SE-1.8 环境下使用 Eclipse(版本：Neon Release 4.6.0)编辑器将 636,072,722 条评价记录转换成 12,923 * 502,247 的用户评分矩阵。该矩阵为本书推荐算法实验中主要使用的 O2O 服务数据集。在 O2O 服务数据集中，用户评分矩阵的每一行描述了一个用户在平台上对服务的评分，每一列显示了一个餐饮团购服务在平台上的口碑情况。矩阵中的评分取值范围为 1~5 分。为了方便计算，矩阵空缺项用 0 代替。O2O 服务数据集中 635,992,722 个用户评分的统计分布情况如图 2.9 所示。根据统计，这些评分的表现大致服从正态分布，较多的用户对使用过的服务给出 3~5 分的评分，1 分的数量最少。由此可见，大众点评在北京地区提供的餐饮团购服务具有较好的用户满意度。

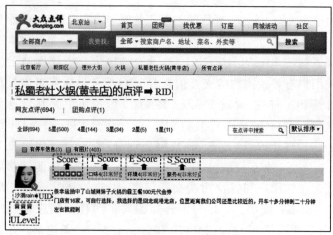

图 2.8　O2O 服务数据集采集过程

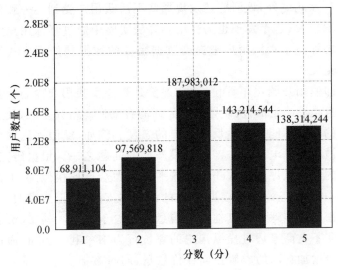

图 2.9　用户评分统计分布情况

3. 服务评价数据存在的问题以及大众点评平台的应对措施

在包括推荐系统在内的所有以用户主观评价信息为数据的研究中,数据的缺失性和有偏性是永远无法回避且难以解决的问题,这是因为在所有的互联网平台上,用户评价服务或商品的行为通常具有自愿性,用户可以自由地决定是否对使用过的服务给出评价,以及给出什么样的评价。

数据的缺失性和稀疏性是完全不同的。稀疏性是指在数据完备的情况下,数据量本身很少,它不影响数据的完整性。而缺失性是指用户在使用过服务之后,并没有给出对服务的评价。因此,缺失性会影响数据的完整程度,使得推荐算法不能准确地为用户推荐服务。Ho Y-C 等对这个问题进行了细致的研究并做出了一定的贡献。不一致效应是指用户对服务使用前的期待和使用后的真实感受之间的心理差距,会影响用户是否会在线上平台对使用过的商品给出评价。当这种心理差距较小时,用户往往不会将自己的服务使用感受发布到线上平台;相反,当这种心理差距较大时,用户则会将自己强烈的不满或者出乎意料的欣喜分享出来。除此之外,该研究还发现那些不活跃用户受到不一致效应的影响较大,这个发现也为在推荐算法实验中通过移除用户评分矩阵中那些不活跃用户来提高数据密度的数据预处理方式提供了理论支撑。

即使用户给出了评价,这个评价是否能反映用户内心的真实感受也是不确定的,从而导致了数据的有偏性。研究发现,线上评价有的时候不能真实地反映用户的态度。例如,虚假评论的存在已经被视为是电子商务产业中最严峻的问题之一。根据研究,在美国的餐饮点评网站 Yelp 上(该平台与大众点评相似,但不提供O2O 团购服务),几乎接近 16% 的评论被 Yelp 标记为虚假评论,这是由于这些评论与其他评论信息相比过于极端。其实,很多案例表明不良商家通过操纵用户的评价行为来牟利。例如,通过一些途径增加自己的虚假正面评价数量,同时散播竞争对手的虚假负面评价。《纽约时报》曾报道一些餐厅以 25 美分一条 5 星好评的价格来雇佣一些人员为其经营的餐厅在 Yelp 给出虚假的 5 星好评。除了虚假评论之外,一些其他因素也会影响用户评价的可靠性,例如文化背景差异、不一致效应的影响,以及商家通过为用户提供免费样品来增加用户好感等。

事实上平台运营商非常关心线上评价的完整性和可靠性。大众点评平台建立的初衷是希望目标用户可以通过其他用户对使用过的服务的线上评价,来为服务选择提供依据。如果平台出现了严重的评价数量少(缺失性)和评价不真实(有偏性)等问题,用户会降低对平台的依赖和信任,从而减少对平台的使用,最终,会影响到平台的利润。作者通过对大众点评公开运营方式的观察和分析,发现该平台通过两种方式来解决评价的有偏性和缺失性问题,从而提高评价质量。

首先,为了解决评价有偏性问题,在大众点评团购模块中,平台要求用户只有购买并使用过服务之后(即验证码被核销之后),才能在平台上对该服务做出评价,这个限制可以有效地防止商家通过操纵用户的评价行为来谋利。在这个限制下,每一条评价数据,无论其数值大小,它都包含了用户的服务选择行为。心理学家和经济学家均发现理性的人在金钱使用方面都非常谨慎,因为消费决策会影响他们的生活效用,相比而言,服务评价行为并不会影响他们的生活效用,而会影响其他用户的服务选择行为。在这个限制下,一个存在的评价代表了一次客观的服务选择行为,它的具体价值会受到很多方面的影响。这个特征在本书的推荐算法设计过程中有着重要作用,在后续章节的算法提出部分会具体分析。

其次,绝大多数平台都激励用户对使用过的服务给出评价,从而降低数据缺失对平台运营带来的影响。大众点评的运营核心正如它的命名一样,通过激励用户对自己使用过的服务给出评价,来帮助其他用户选择服务,从而提升用户对平台的依赖性。尽管这些评价并不一定能反映用户对服务的真实感受,但是平台依旧希望用户可以给出评价。图 2.10 通过真实账户给出评价的例子来介绍和分析大众点评的激励机制。如图 2.10(b)所示,可以看到该用户对自己使用过的 3 个餐饮服务没有给出评价。当他对其中的一个服务"德天顺盖码饭"给出包括数字评分和文字评论在内的评价后,他对服务的评价总数从 5 个上升到 6 个。从而,使得他的贡献值从 121 增长到 136。为了提高评价质量,大众点评根据用户发布的评价内容,给予用户一条评价 1~20 不等的贡献值。例如,用户仅发布一个评分只能获得 5 贡献值,相比而言,当他发布一个带有图片和较长文字内容的评论时,则会获得 20 贡献值。用户获得贡献值的多少直接决定了用户的等级。在图 2.10(c)部分,由于该用户的贡献值 136 介于 101 到 300 之间,因此他的等级为"二星"。而用户的等级又决定了他可以享受到的平台福利,例如"霸王餐"以及以更低的价格购买团购券等。除此之外,为了保证评论的质量,大众点评要求一条评论至少包含 15 个汉字(如图 2.10(a)所示),并需要通过平台审核。即便如此,大众点评并不能保证用户给出的评价是否能真正反映他们对使用过的服务的真实感受,也就是评价数据的有偏性问题仍然存在。在 O2O 服务数据集中,有 21.56% 的评价只包含了评分,且均为 5 分,这些评价可能是用户仅为了提高自己的用户等级而给出的,这些评价也许不能反映用户对服务的真实感受,但是这些评价背后的服务购买行为是真实的。因此,它们在一定程度上能够反映用户的偏好。

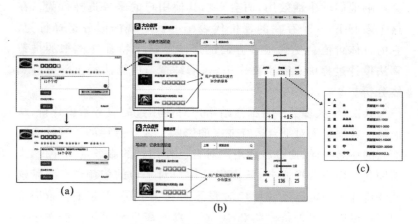

图 2.10　大众点评的激励机制

2.5.2　考虑 O2O 服务特征的推荐算法设计

与 B2C 和 B2B 为代表的传统电子商务模式相比,O2O 商务模式的最大区别和特征是用户必须在线下使用线上购买的服务,这也是在"O2O"的缩写中,第二个"O"所代表的含义。用户在 O2O 服务的选择过程中,不但要考虑平台提供的服务描述性信息和用户评价类信息,还要考虑 O2O 服务提供商的线下地理位置。例如 O2O 餐饮团购服务,用户在选择餐饮团购服务时,提供餐饮团购服务的餐厅的地理位置是用户一定会考虑的因素之一,甚至有时,地理位置因素要高于其他因素。当用户考虑到购买的服务必须在线下使用时,他们通常会选择那些交通成本低的 O2O 餐饮团购服务。对于不同的用户,由于他们的常用地理位置(例如家庭住址、单位地址)不同,这使得用户购买的 O2O 餐饮团购服务的地理位置具备了个性化特征。为了保护隐私,用户很少将自己的常驻地理位置发布到平台上。但是,通过用户使用过的服务的地理位置,可以估算用户使用服务的地理位置偏好,从而进行推荐。

在 O2O 服务数据集中包含地理位置信息是必要的。具体地,可以通过百度地图提供的坐标拾取系统来获取提供 O2O 餐饮团购服务的餐厅所在的地理位置，并以经度和纬度来表示。如图 2.11 所示，通过百度地图查询得到餐厅"伊豆野菜村"的经度和纬度分别是 116.367343(经度)和 39.92202(纬度)。通过以上方式，补充了 O2O 服务数据集中所有餐厅的地理位置信息。O2O 服务数据集可以分为两部分：线上用户主观评价信息和线下服务客观地理位置信息。O2O 服务数据集的地理位置信息的补充为后面推荐算法的实验提供了数据基础。

图 2.11　提供 O2O 餐饮团购服务的餐厅的地理坐标

第3章 推荐系统中的用户偏好相似度分析

3.1 用户之间的偏好相似度衡量方法

本书前文中已经讨论过,协同过滤推荐算法最核心和最关键的步骤就是用户之间的偏好相似度衡量。协同过滤推荐算法通过与目标用户偏好相近的近邻用户群的服务使用行为,来预测目标用户的服务选择行为,从而给出推荐结果。在日常生活中,人们通常会结识一些有共同爱好的朋友,当这些朋友推荐一些他们喜欢的东西时,人们也许也会喜欢,并且,爱好越相近的朋友推荐的东西越容易被人们接受,用户之间的偏好相似度衡量正是基于这个思想。平台的虚拟性特征使得目标用户只能看到平台的推荐结果,目标用户并不了解给出推荐结果的过程,例如他并不知道与他的偏好相近的"朋友"是哪些,这是推荐系统的一个缺陷,并且一些平台在推荐结果中混入了一些广告类服务,使得用户逐渐不信任平台给出的推荐结果,该问题在本书中不再具体讨论。

在协同过滤推荐算法的用户之间的偏好相似度衡量方法中,皮尔逊相关系数是最为常用的用户之间的偏好相似度衡量方法,它基于两个用户对使用过的相同服务的评分来衡量二者之间的偏好相似度,然而正如前面章节所讨论的,在稀疏数据环境下皮尔逊相关系数不能准确地衡量用户之间的偏好相似度。事实上,除了评分,用户对服务的排序也能在一定程度上反映用户对服务的喜好程度。本节根据用户之间的偏好相似度衡量方法的准确程度,提出了三种用户之间的偏好相似度衡量方法:基于数值的用户之间的偏好相似度衡量、基于排序的用户之间的偏好相似度衡量和基于行为的用户之间的偏好相似度衡量。在介绍这些方法之前,首先对本章用到的一些通用符号进行定义和说明。

假设 $U=\{u_i|i\in\{1,\cdots,n\}\}$ 为 n 个用户的集合;$OS=\{os_j|j\in\{1,\cdots,m\}\}$ 为 m 个 O2O 服务的集合,那么,$R=\{r_{i,j}|i\in\{1,\cdots,n\},j\in\{1,\cdots,m\}\}$ 表示用户评分矩阵,其中,$r_{i,j}$ 代表用户 u_i 对 O2O 服务 os_j 的评分。考虑到不同平台可能存在评分的取值范围及度量标准不同,为了保证算法的通用性,对评分进行归一化处理。根据评分的含义,可以将其分为"成本型"评分和"效益型"评分。"成本型"评分指的是评分越低表明用户对服务的满意度越高;"效益型"评分则恰好相反,评分越高表明用户对服务的满意度也越高。根据以上两种评分类型,用式(3.1)将用户评分矩阵中的所有评分 $r_{i,j}$ 归一化到 $(0,1)$ 区间。

$$r_{i,j}^n = \begin{cases} \dfrac{r_{i,j} - r_{\min}}{r_{\max} - r_{\min}} & \text{"效益型"评分} \\ \dfrac{r_{\max} - r_{i,j}}{r_{\max} - r_{\min}} & \text{"成本型"评分} \end{cases}, \quad (3.1)$$

在上述公式中,$r_{\max}$ 和 $r_{\min}$ 分别代表用户 u_i 对使用过的服务给出的最高评分和最低评分。本书算法实验中使用的所有评分均为"效益型"评分,即评分越高代表用户对服务的满意度越高,且在后续章节涉及的算法中,均采用上述符号定义以及归一化处理。因此,以上内容将不再重复叙述。

3.1.1 基于数值的用户之间的偏好相似度衡量

1. 皮尔逊相关系数

基于数值的用户之间的偏好相似采用皮尔逊相关系数方法来衡量,它基于两个用户对使用过的相同服务的评分得到二者之间的"数值距离",这个"数值距离"的大小可以衡量两个用户之间的偏好

相似度。如果不考虑用户评分尺度偏差,皮尔逊相关系数是能够准确地衡量两个用户之间的偏好相似度的,具体计算公式如下:

$$PCC_{p,q} = \frac{\sum_{os_i \in os_{p,q}} (r_{p,i} - \bar{r}_p)(r_{q,i} - \bar{r}_q)}{\sqrt{\sum_{os_i \in os_{p,q}} (r_{p,i} - \bar{r}_p)^2} \sqrt{\sum_{os_i \in os_{p,q}} (r_{q,i} - \bar{r}_q)^2}},$$
(3.2)

$$CS_{p,q} = \begin{cases} PCC_{p,q} & PCC_{p,q} > 0 \\ 0 & PCC_{p,q} \leqslant 0 \end{cases}$$
(3.3)

在上述公式中,$PCC_{p,q}$ 为皮尔逊相关系数,$CS_{p,q}$ 代表用户 u_p 与 u_q 之间基于数值的偏好相似度,$os_{p,q}$ 是用户 u_p 和 u_q 使用过的相同服务的集合,$\bar{r}_p$ 和 $\bar{r}_q$ 分别代表用户 u_p 和 u_q 对他们使用过的服务的评分的均值。值得注意的是,$PCC_{p,q}$ 的取值区间为 $[-1, 1]$。当 $PCC_{p,q} \leqslant 0$ 时,表示用户之间的偏好不存在相关性,而不是有着相反的偏好。因此,只考虑 $PCC_{p,q} > 0$ 的情况。本书在后面的实验中基于数值的用户之间的偏好相似度均使用皮尔逊相关系数来衡量。

2. 余弦相似度

余弦相似度基于两个用户对使用过的相同服务的评分,从向量距离的角度来衡量两个用户之间的偏好相似度。在计算过程中,两个用户被看作是高维空间中的两个点,这两个点的位置坐标是这两个用户各自对他们使用过的相同服务的评分向量。具体计算公式如下:

$$COS_{p,q} = \frac{u_p \cdot u_q}{\|u_p\| \cdot \|u_q\|} = \frac{\sum_{os_i \in os_{p,q}} r_{p,i} \cdot r_{q,i}}{\sqrt{\sum_{os_i \in os_{p,q}} r_{p,i}^2} \sqrt{\sum_{os_i \in os_{p,q}} r_{q,i}^2}}$$
(3.4)

3.1.2 基于排序的用户之间的偏好相似度衡量

在实际中,由于每个用户的性格、文化背景等不同,使得他们对服务的评分尺度可能不同,即有些用户比较喜欢给高分,而有些用户喜欢给低分,上述问题被称为用户评分尺度偏差。由于该问题的存在,会出现如下情况:一位喜欢给高分的用户给一个他使用过但是非常不满意的服务打了 3 分;然而另外一个喜欢给低分的用户给一个他使用过的非常满意的服务也打了 3 分。可见,虽然评分相同,但是却反映了两个用户对各自使用过的服务的不同态度。但是,在基于数值的用户之间的偏好相似度衡量过程中并没有考虑用户评分尺度偏差。事实上,即便这种偏差存在,无论是喜欢给高分的用户还是喜欢给低分的用户,根据他们各自给出的评分得到的基于排序的用户之间的偏好相似度衡量是不受影响的。因此,根据两个用户对使用过的服务的排序相似度也能反映他们之间的偏好相似度,即使他们对这些服务给出不同的评分。下面通过一个例子来说明此问题。假定用户 u_p 和 u_q 对他们使用过的相同服务 os_1、os_2、os_3 和 os_4 的评分如表 3.1 所示。可以看到他们虽然对这 4 个服务给出的评分存在一定差别,但是根据这些评分,对他们使用过的这 4 个服务的排序是完全相同的,即基于评分由高到低对服务的排序均为 os_1、os_4、os_2 和 os_3。

表 3.1 两个用户对他们使用过的相同服务的评分

	os_1	os_2	os_3	os_4
u_p	5	2	1	4
u_q	4	2	1	3

基于排序的用户之间的偏好相似度用肯德尔和谐系数方法来衡量,它是排序相关研究中常用的"排序距离"衡量方法,此处 $PS_{p,q}$ 是基于排序的用户之间的偏好相似度,这里的计算公式如下:

$$PS_{p,q} = \frac{|os_{p,q}| \times (|os_{p,q}|-1) - 4 \times \sum_{os_i, os_j \in os_{p,q}} f((r_{p,i}-r_{p,j})(r_{q,i}-r_{q,j}))}{|os_{p,q}| \times (|os_{p,q}|-1)}$$

(3.5)

$$f(x) = \begin{cases} 1 & x < 0 \\ 0 & x \geqslant 0 \end{cases} \tag{3.6}$$

在上述公式中，$f(x)$ 为二进制阈值函数，当 x 小于 0 时，函数值为 1，其余情况函数值均为 0。$|os_{p,q}|$ 为 u_p 和 u_q 使用过的相同服务的数量。$PS_{p,q}$ 取值范围为 $[0,1]$，$PS_{p,q}$ 数值越大，说明基于排序的用户之间的偏好相似度越高。

基于排序的用户之间的偏好相似度衡量与基于数值的用户之间的偏好相似度衡量存在着同样的问题，就是当用户使用过的相同服务的数量很少时，得到的用户之间的偏好相似度衡量结果是不准确的。例如在 O2O 服务数据集中，基于排序的用户之间的偏好相似度衡量存在的问题如表 3.2 所示。如果将 u_1 作为目标用户，有 $PS_{1,3} > PS_{1,2}$。但是，不难发现 u_1 和 u_3 使用过的相同服务的数量只有两个。与基于数值的用户之间的偏好相似度衡量存在的问题相似，仅基于对这两个服务的排序得到的用户之间的偏好相似度衡量结果显然是不够准确的。因此，在用户使用过的相同服务的数量很少的情况下，需要一种建立在用户服务使用行为基础上的相似度衡量方法来提高衡量结果的准确度。

表 3.2 基于排序的用户之间的偏好相似度衡量存在的问题

	os_1	os_2	os_3	os_4
u_1	4	3	1	2
u_2	3	2	3	5
u_3	5	4	null	null

3.1.3 基于行为的用户之间的偏好相似度衡量

在海量备选服务中，即使两个用户对他们使用过的相同服务给出了不一致的评价，他们的偏好仍然存在一定的相似度。因此，可以通过用户服务使用行为的相关性来衡量用户之间的偏好相似度,即基于行为的用户之间的偏好相似度衡量。选择基于行为的用户之间的偏好相似度衡量还是基于排序的用户之间的偏好相似度衡量取决于两个用户使用过的服务的数据覆盖情况,在稀疏数据环境下,基于行为的用户之间的偏好相似度衡量包含了用户完整的服务选择行为的信息。通过一个例子来进一步说明,如表 3.3 所示,例子中的数据来源于 O2O 服务数据集,包含了 u_1、u_2 和 u_3 在内的 3 个用户与 os_1、os_2、os_3、os_4、os_5、os_6 和 os_7 在内的 7 个服务的交互情况。其中,用户 u_1 使用过服务 os_1、os_2、os_3 和 os_4;用户 u_2 使用过服务 os_2、os_3 和 os_5;用户 u_3 使用过服务 os_6 和 os_7。可以发现,u_1 和 u_2 的服务选择行为更为相近,在海量备选服务中,他们都选择了 os_2 和 os_3,并且在他们各自使用过的服务中占到很大的比例,分别是 50% 和 66%。因此,即使他们对这两个服务给出完全相反的评价,能够在数量如此庞大的备选服务中做出如此相近的选择,也足够说明二者之间存在着很高的偏好相似度。

表 3.3 基于行为的用户之间的偏好相似度衡量的优势

	os_1	os_2	os_3	os_4	os_5	os_6	os_7
u_1	√	√	√	√			
u_2		√	√		√		
u_3						√	√

基于行为的用户之间的偏好相似度采用 Jaccard 系数方法来衡量,它通常用于量化二维数据的非对称信息的偏差,此处 $TS_{p,q}$ 是基于行为的用户之间的偏好相似度,这里的计算公式如下:

$$TS_{p,q} = \frac{|os_{p,q}|}{|os_p| + |os_q| - |os_{p,q}|} \tag{3.7}$$

在上述公式中,$|os_p|$ 和 $|os_q|$ 分别代表用户 u_p 和 u_q 各自使用过的服务数量,$|os_{p,q}|$ 代表两个用户使用过的相同服务的数量。式(3.7)分母的计算是为了消除两个用户各自使用过的服务数量

较多的情况下带来的偏差。因此,基于行为的用户之间的偏好相似度衡量结果是比较准确的。

3.2 改进的用户偏好相似度

3.2.1 基于多维相似度融合的 O2O 服务推荐算法

本节在 3.1 节内容的基础上,将基于数值的用户之间的偏好相似度衡量、基于排序的用户之间的偏好相似度衡量和基于行为的偏好相似度衡量融合形成了多维相似度衡量方法,并将其应用到 O2O 服务推荐算法中进行了效果验证。实验结果表明,在推荐算法中用基于多维相似度融合的衡量方法取代其他三种衡量方法得到的推荐效果更好。

1. 实验算法设计

在实验中算法采用加权的方式将基于行为的用户之间的偏好相似度衡量、基于排序的用户之间的偏好相似度衡量和基于数值的用户之间的偏好相似度衡量进行融合,具体计算公式如下:

$$MS = \alpha \times CS + \beta \times PS + \gamma \times TS \qquad (3.8)$$

在上述公式中,MS 为基于多维相似度的融合,α、β 和 γ 为 TS、PS 和 CS 各自的权值。它们的取值范围均为[0,1],且满足 $\alpha+\beta+\gamma=1$。当其中的一个权值为 0 时,表示在基于多维相似度融合的衡量方法中不考虑这个权值对应的相似度衡量方法;当其中的一个权值为 1 时,表示在基于多维相似度融合的衡量方法中只考虑这个权值对应的用户之间的偏好相似度衡量方法。在实验部分,会对 α、β 和 γ 的取值进行详细地讨论和分析。由于篇幅有限,在此不做叙述。图 3.1 是基于多维相似度融合的 O2O 服务推荐算法流程。

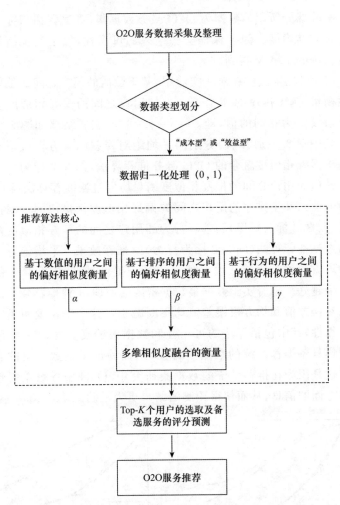

图 3.1　基于多维相似度融合的 O2O 服务推荐算法流程

2. 实验分析

通过对比实验和参数实验,将基于多维相似度融合的 O2O 服务推荐算法的推荐效果与基于数值的用户之间的偏好相似度衡量、基于排序的用户之间的偏好相似度衡量和基于行为的用户之间的偏好相似度衡量的协同过滤推荐算法的推荐效果进行比较,并探究 α、β 和 γ 的最佳取值组合。

实验部分所用的数据为 O2O 服务数据集,算法评估指标采用评分预测准确度。为了保证实验结果的可靠性,每个实验结果均通过改进的 10-CV 得到。

(1) 对比实验。在对比实验中,基于数值的用户之间的偏好相似度衡量、基于排序的和基于行为的用户之间的偏好相似度衡量的权值设置为相同的值,即 $\alpha=\beta=\gamma=1/3$,实验结果如图 3.2 所示。其中图 3.2(a)和(b)分别用平均绝对误差和均方根误差来判断基于多维相似度融合的 O2O 服务推荐算法(图 3.2 标为多维)、基于数值的用户之间的偏好相似度衡量协同过滤推荐算法(图 3.2 标为数值)、基于排序的用户之间的偏好相似度衡量协同过滤推荐算法(图 3.2 标为排序)和基于行为的用户之间的偏好相似度衡量协同过滤推荐算法(图 3.2 标为行为)的推荐效果。平均绝对误差值和均方根误差值越低说明评分预测准确度越高,推荐算法的推荐效果越好。随着实验数据集数据密度的增加,4 种推荐算法的平均绝对误差值和均方根误差值均不断减小。这个现象说明了实验的可靠性,其中包括算法的可用性和数据集的真实性。O2O 服务数据集具备推荐系统的数据集特征,从而验证了该数据集的真实性。这是因为在推荐系统的数据集研究中,O2O 服务数据集包含了多方面的信息,从而使得预测的结果更为准确。

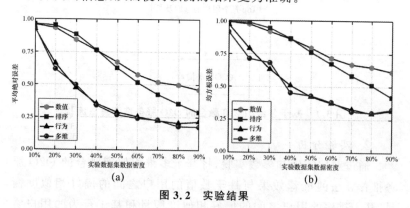

图 3.2 实验结果

观察图 3.2,可以发现基于多维相似度融合的 O2O 服务推荐算法的推荐效果要明显好于基于数值的用户之间的偏好相似度衡量协同过滤推荐算法和基于排序的用户之间的偏好相似度衡量协同过滤推荐算法的推荐效果。而基于行为的用户之间的偏好相似度衡量协同过滤推荐算法与多维相似度融合的 O2O 服务推荐算法的推荐效果十分接近。这个现象验证了前文的观点,即在稀疏数据环境下,由于用户之间使用过的相同服务的数量很少,因此基于这一小部分数据得到的基于数值的用户之间的偏好相似度衡量协同过滤推荐算法的推荐效果比较差。而基于行为的用户之间的偏好相似度衡量协同过滤推荐算法是建立在两个用户服务选择行为的基础上得到的相似度衡量结果,这个推荐算法的推荐效果较好。除此之外,基于排序的用户之间的偏好相似度衡量协同过滤推荐算法的推荐效果稍好于基于数值的用户之间的偏好相似度衡量协同过滤推荐算法。这是由于基于排序的用户之间的偏好相似度衡量方法解决了基于数值的用户之间的偏好相似度衡量方法的用户评分尺度偏差的问题。值得特别注意的是,当实验数据集数据密度超过 60% 时,基于多维相似度融合的 O2O 服务推荐算法和基于行为的用户之间的偏好相似度衡量的协同过滤推荐算法的推荐效果随着数据密度的增加,有趋于平稳的趋势。相比而言,基于数值的用户之间的偏好相似度衡量协同过滤推荐算法和基于排序的用户之间的偏好相似度衡量协同过滤推荐算法的推荐效果稳步提升。这个现象说明随着实验数据集数据密度的增加,用户之间使用过的相同服务的数量也随之增加,相比于使用过的相同服务的数量增加这一现象,用户对使用过的服务的评价包含了更丰富的有关偏好的信息。因此当使用过的相同服务的数量足够多时,基于数值的用户之间的偏好相似度衡量和基于排序的用户之间的偏好相似度衡量的优势逐渐显现出来,也说明了这两种衡量方法能够更为准确地衡量用户之间的偏好相似度。

本实验验证了在稀疏数据环境下,基于多维相似度融合的衡量和基于行为的用户之间的偏好相似度衡量可以更为准确地衡量两个用户之间的偏好相似度。而随着数据密度的增加,基于数值的用户之间的偏好相似度衡量和基于排序的用户之间的偏好相似度衡量更能准确地衡量用户之间的偏好相似度。

(2) 参数实验。参数实验是通过观察基于多维相似度融合的

O2O 服务推荐算法中 α、β 和 γ 不同取值情况下的推荐效果,来探究 3 个权值的最优取值。在实验中,α、β 和 γ 的取值范围为 [0,1],步长为 0.1,每个权值共有 11 个取值,考虑到 $\alpha+\beta+\gamma=1$ 的约束,它们的取值共有 66 种组合。因此本部分包含了 66 组参数实验。在每组参数实验中,观察在给定 α、β 和 γ 值的情况下,基于多维相似度融合的 O2O 服务推荐算法在不同实验数据集数据密度下的推荐效果。实验数据集数据密度的调整与对比实验相同。最终,实验一共得到 594 个平均绝对误差值和均方根误差值。由于篇幅有限,只列出在不同实验数据集数据密度下,推荐效果排名前 5 位对应的 α、β 和 γ 的值。表 3.4 和表 3.5 分别是基于平均绝对误差和均方根误差的参数实验结果。两个表列出的 3 个数值分别为 α、β 和 γ 的取值,对应基于数值的用户之间的偏好相似度衡量、基于排序的用户之间的偏好相似度衡量和基于行为的用户之间的偏好相似度衡量各自的权值。例如,"0.7/0.2/0.1"代表 γ、β 和 α 的取值分别是 0.7、0.2 和 0.1。

图 3.3 展示在不同实验数据集数据密度下,α、β 和 γ 值的 66 种组合方式得到的参数实验结果的统计特征,其中包括平均值(图 3.3(a))和标准差(图 3.3(b))。图 3.3(a)通过平均值反映随着实验数据集数据密度的增加,基于多维相似度融合的 O2O 服务推荐算法的推荐效果随之提升,这个结果再次证明了实验的可靠性。图 3.3(b)通过标准差反映在不同数据密度下,66 种 α、β 和 γ 值的组合对应的实验结果的误差波动性,平均绝对误差和均方根误差均呈现"倒 U"形曲线。这个结果说明当实验数据集数据密度较小时(如实验数据集数据密度为 10%),基于行为的用户之间的偏好相似度衡量、基于排序的用户之间的偏好相似度衡量和基于数值的用户之间的偏好相似度衡量的权值无论采用哪种组合方式,基于多维相似度融合的 O2O 服务推荐算法的推荐效果都很差。当实验数据集数据密度相对较大时(如实验数据集数据密度为 90%),由于较丰富的数据信息,基于行为的用户之间的偏好相似度衡量、基于排序的用户之间的偏好相似度衡量和基于数值的用户之间的偏好相似度衡量的权值调整对推荐效果影响不大,无论哪种权值组合方式,基于多维相似度融合的 O2O 服务推荐算法都能产生很好的推荐效果。

但是,当实验数据集数据密度介于二者之间时,基于行为的用户之间的偏好相似度衡量、基于排序的用户之间的偏好相似度衡量和基于数值的用户之间的偏好相似度衡量的不同权值组合方式使得基于多维相似度融合的 O2O 服务推荐算法的推荐效果不同。

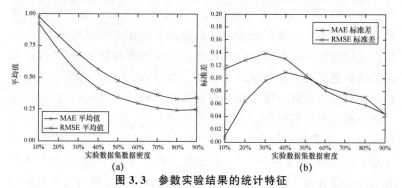

图 3.3　参数实验结果的统计特征

表 3.4　基于平均绝对误差的参数实验结果

Top-5	实验数据集数据密度								
	10%	20%	30%	40%	50%	60%	70%	80%	90%
1	0/0.4/0 (0.961692)	1/0/0 (0.662354)	1/0/0 (0.473737)	0.8/0.2/0 (0.354304)	1/0/0 (0.288636)	0.7/0.1/0.2 (0.254343)	0.8/0.1/0.1 (0.225105)	1/0/0 (0.206957)	0.9/0.1/0 (0.217373)
2	0.4/0.6/0 (0.961684)	0.9/0.1/0 (0.662400)	0.9/0.1/0 (0.473926)	0.9/0.1/0 (0.354304)	0.9/0.1/0 (0.289303)	1/0/0 (0.254590)	1/0/0 (0.225186)	0.7/0/0.3 (0.207263)	0.9/0.1/0 (0.217675)
3	0.7/0.3/0 (0.925184)	0.8/0.2/0 (0.662436)	0.8/0.2/0 (0.474206)	1/0/0 (0.354458)	0.8/0.2/0 (0.290173)	0.9/0.1/0 (0.255022)	0.9/0.1/0 (0.225918)	0.9/0.1/0 (0.207267)	0.8/0.2/0 (0.217799)
4	1/0/0 (0.925367)	0.7/0.3/0 (0.662476)	0.9/0/0.1 (0.474666)	0.7/0.3/0 (0.354610)	0.9/0/0.1 (0.290559)	0.8/0.2/0 (0.255912)	0.9/0.1/0 (0.226417)	0.8/0/0.2 (0.207295)	0.7/0.3/0 (0.218261)
5	0.3/0.7/0 (0.925409)	0.6/0.4/0 (0.662531)	0.8/0.1/0.1 (0.474939)	0.6/0.4/0 (0.355146)	0.7/0.3/0 (0.290892)	0.9/0/0.1 (0.256501)	0.7/0.2/0.1 (0.226454)	0.8/0.1/0.1 (0.207342)	0.6/0.4/0 (0.219311)

表 3.5　基于均方根误差的参数实验结果

Top-5	实验数据集数据密度								
	10%	20%	30%	40%	50%	60%	70%	80%	90%
1	0.5/0.3/0.2 (0.963218)	1/0/0 (0.789472)	0.9/0.1/0 (0.631972)	0.9/0.1/0 (0.509053)	1/0/0 (0.424293)	0.8/0.1/0.1 (0.371172)	1/0/0 (0.329501)	0.8/0.1/0.1 (0.297437)	0.7/0.3/0 (0.318218)
2	0.9/0.1/0 (0.964789)	0.9/0.1/0 (0.789482)	1/0/0 (0.631985)	0.8/0.2/0 (0.509099)	0.9/0.1/0 (0.424599)	1/0/0 (0.375545)	0.7/0.2/0.1 (0.329877)	1/0/0 (0.297898)	0.8/0.2/0 (0.318366)
3	1/0/0 (0.964911)	0.8/0.2/0 (0.789490)	0.8/0.2/0 (0.631991)	1/0/0 (0.509133)	0.8/0.2/0 (0.425006)	0.9/0.1/0 (0.375947)	0.9/0.1/0 (0.329889)	0.9/0.1/0 (0.298256)	0.6/0.4/0 (0.318498)
4	0.9/0/0.1 (0.969339)	0.7/0.3/0 (0.789498)	0.9/0.1/0 (0.632397)	0.7/0.3/0 (0.509219)	0.9/0.1/0 (0.425048)	0.9/0.1/0 (0.376567)	0.8/0.2/0 (0.330124)	0.9/0.1/0 (0.298317)	0.9/0.1/0 (0.318572)
5	0.1/0.9/0 (0.969241)	0.6/0.4/0 (0.789512)	0.8/0.1/0.1 (0.632402)	0.6/0.4/0 (0.509413)	0.7/0.3/0 (0.425377)	0.8/0.2/0 (0.376624)	0.6/0.3/0.1 (0.330354)	0.8/0.2/0 (0.298997)	0.5/0.5/0 (0.318998)

在表 3.4 和表 3.5 中，可以发现没有"0/1/0"和"0/0/1"这两种权值的组合。且在这两张表中的大多数权值组合中，基于行为的用户之间的偏好相似度衡量通常占比很大，此时，权值 γ 的值为 0.6、0.7、0.8 和 0.9，少数情况下为 1。这个结果首先说明了基于多维相似度融合的 O2O 服务推荐算法相比基于单一相似度衡量协同过滤推荐算法有更好的推荐效果。再次验证了在稀疏数据环境下，两个用户使用过相同服务的行为相比他们对这些服务的评价，可以更加准确地衡量二者之间的偏好相似度。虽然，基于行为的用户之间的偏好相似度衡量协同过滤推荐算法推荐效果一般，但是在稀疏数据环境下则具有较好的推荐效果。除此之外，在表 3.4 和表 3.5 的最优组合中，尽管基于行为的用户之间的偏好相似度衡量的权值 γ 占了很大的比例，但是很少为 1。这是因为基于排序的用户之间的偏好相似度衡量和基于数值的用户之间的偏好相似度衡量可以从具体的评分中获取更多的有关用户偏好的信息，从而在一定程度上弥补了基于行为的用户之间的偏好相似度衡量的不足。因此，基于排序的用户之间的偏好相似度衡量和基于数值的用户之间的偏好相似度衡量在基于多维相似度融合的衡量方法中是不能被完全摒弃的。

3.2.2 基于非对称相似度的 O2O 服务推荐算法

根据前文所述，发现用户服务使用行为可以在稀疏数据环境下较为准确地衡量用户之间的偏好相似度。既然这个简单的信息如此有价值，不妨对其进行更深入的挖掘和利用。在一个平台上，不同用户与服务的交互行为是不同的，因此在推荐过程中的影响也不同。基于这种思想，本节提出了一种基于非对称相似度的 O2O 服务推荐算法。

在基于数值的用户之间偏好相似度衡量、基于排序的用户之间偏好相似度衡量和基于行为的用户之间偏好相似度衡量，以及基于多维相似度融合的衡量，得到的用户之间的偏好相似度均为对称的。以基于数值的用户之间的偏好相似度衡量为例，无论是用皮尔逊相关系数方法还是余弦相似度方法，给出的衡量结果都是对称的，即 $sim_{p,q} = sim_{q,p}$。因此，基于数值的用户之间的偏好相似度衡量得到的用户之间的偏好相似度矩阵为对称矩阵,如表 3.6 所示。

表 3.6　用户之间的偏好相似度矩阵

	u_1	u_2	u_3	...	u_m
u_1	—	$sim_{1,2}$	$sim_{1,3}$	...	$sim_{1,m}$
u_2	$sim_{2,1}$	—	$sim_{2,3}$	...	$sim_{2,m}$
u_3	$sim_{3,1}$	$sim_{3,2}$	—	...	$sim_{3,m}$
...	...	...	...	—	...
u_m	$sim_{m,1}$	$sim_{m,2}$	$sim_{m,3}$	...	—

用户之间的偏好相似度衡量是协同过滤推荐算法的关键步骤,在协同过滤推荐算法中决定了用户之间在推荐过程中的相互影响关系。对称相似度意味着 u_p 对 u_q 的影响和 u_q 对 u_p 的影响是完全相同的。但在实际中,由于不同用户与服务的交互行为不同,在推荐过程中对其他用户的影响也不同。假设 u_p 和 u_q 分别是一个使用过的服务数量相对较多的活跃用户和一个使用过的服务数量相对较少的非活跃用户,那么 u_p 对 u_q 的影响和 u_q 对 u_p 的影响显然是不同的。这是因为相比非活跃用户 u_q 而言,活跃用户 u_p 使用过的服务数量较多,因此有着更丰富的服务使用经验,从而 u_p 给出的推荐会更具说服力。表 3.7 通过一个真实的例子来分析不同活跃度用户之间的相互影响,表中数据来源于 O2O 服务数据集。可以看到,两个用户使用过的相同服务为 os_2 和 os_3,并给出了相同的评分。如果采用基于数值的用户之间的偏好相似度衡量,计算结果为 1,这个结果代表 u_p 和 u_q 的服务使用偏好完全相同。这就意味着在后续的推荐过程中,无论是 u_p 或是 u_q 作为目标用户,那么另一个用户与服务的交互行为会对目标用户的推荐产生很大的影响。但是不难发现,他们各自与服务的交互行为存在很大差别。与 u_q 相比,u_p 是一个更活跃的用户,因此 u_p 对服务的选择经验要高于 u_q。如果仅考虑二者的相互推荐,u_p 向 u_q 做出服务推荐时的影响要大于反之情况。在对称的用户之间的偏好相似度衡量过程中,没有考虑以上的分析内容。在 O2O 服务数据集中,用户通常会跟随那些活跃用户对服务做出选择。同时,活跃用户由于使用过的服务

多,经验丰富,他们给出的评价也更可靠。通过以上分析,本节提出了一种基于用户活跃度的非对称相似度衡量方法。为了更全面地分析用户活跃度,可将其分为绝对活跃度和相对活跃度。

表 3.7　不同活跃度用户之间的相互影响

	os_1	os_2	os_3	os_4	os_5	os_6	os_7
u_p	5	2	1	4	3		4
u_q		2	1			5	

1. 算法设计

绝对活跃度根据用户与服务的交互频次,客观地衡量用户在平台上的活跃度。它包括全局活跃度和局部活跃度。全局活跃度通过计算用户使用过的服务数量与平台全部服务数量的比值得到,它可以从全局视角客观地衡量不同用户在同一平台上的活跃度,具体计算公式如下:

$$GA_p = \frac{|os_p|}{|os_{total}|} \quad (3.9)$$

在上述公式中,GA 代表全局活跃度,GA_p 为用户 u_p 的全局活跃度,$|os_p|$ 和 $|os_{total}|$ 分别代表用户 u_p 使用过的服务总数和平台提供的服务总数。通过式(3.9)的计算,表 3.7 示例中用户 u_p 和 u_q 的 GA_p 和 GA_q 分别是 6/7 和 3/7,其中 7 代表平台提供的服务总数。在 O2O 服务数据集中,共有 12,923 个 O2O 服务,最活跃的用户也仅使用过其中的 132 个服务。绝大多数用户的服务使用数量在 25~40 个之间。因此,在实际中,不同用户的全局活跃度的区分度并不大,均趋近于 0。因此,考虑用局部活跃度来弥补全局活跃度的不足。具体计算公式如下:

$$LA_p = \frac{|os_p|}{|os_{max}|} \quad (3.10)$$

在上述公式中,LA 表示局部活跃度,LA_p 为用户 u_p 的局部活跃度,$|os_{max}|$ 表示在 O2O 服务数据集中,单一用户在平台上使用过的服务数量的最大值,它对应的用户即为该平台上最活跃的用户。因此,尽管每个用户使用过的服务数量与平台全部服务数

量的比值很小,但局部活跃度可以通过用户与服务的交互行为的相对性来体现他们的活跃度差异。例如,在表 3.8 的示例中,LA_a、LA_b 和 LA_c 分别为 1、$\frac{1}{2}$ 和 $\frac{3}{4}$。由此可见,局部活跃度可以很好地区分 u_a、u_b 和 u_c 活跃度的差异。

表 3.8 用户 u_a、u_b 和 u_c 的局部活跃度示例

	os_1	os_2	os_3	os_4	os_5	os_6
u_a	5	2		4		4
u_b		2			5	
u_c	3		1	4		

相比局部活跃度,全局活跃度可以从全局视角衡量用户在平台的活跃程度,并且在服务数量相对较少的新平台上,全局活跃度的衡量结果会更加客观。因此,全局活跃度和局部活跃度是从不同的视角来衡量用户的绝对活跃度。考虑到全局活跃度和局部活跃度的取值范围均为[0,1],且全局活跃度的值相对较小,为了避免二者的融合对绝对活跃度产生严重的消减,采用奖励因子的方式进行融合,具体计算公式如下:

$$AA_p = (1+GA_p)(1+LA_p) \qquad (3.11)$$

在上述公式中,AA 代表绝对活跃度,AA_p 为用户 u_p 的绝对活跃度,可以发现绝对活跃度是用户的本质属性,它不会受到其他用户的影响,但它不能体现不同活跃度的用户在推荐过程中的影响差异性。

由于不同用户与服务的交互行为不同,在推荐过程中对其他用户的影响也不同,两个用户在推荐过程中的影响是存在差异的,是非对称的,这种非对称的用户活跃度通过相对活跃度来衡量,具体计算公式如下:

$$RA_{p \to q} = \frac{|os_{p,q}|}{|os_q|} \cdot TS_{p,q} \qquad (3.12)$$

在上述公式中,RA 代表相对活跃度,$RA_{p \to q}$ 代表在推荐过程中,u_p 作为目标用户,近邻用户 u_q 相对于 u_p 的相对活跃度。因此,$RA_{p \to q}$ 和 $RA_{q \to p}$ 的计算结果是不一样的,从而体现了相对活跃度的非对称性。在式(3.12)中,相对活跃度的计算由两部分组成。

其中,$\frac{|os_{p,q}|}{|os_q|}$ 表示 u_p 和 u_q 使用过的相同服务的数量与近邻用户 u_q 使用过的服务数量的比值,从而体现了 u_q 与服务的交互行为对 u_p 的影响。然而,$\frac{|os_{p,q}|}{|os_q|}$ 并没有包含两个用户之间的偏好相似度信息,因此,在算式中采用基于行为的用户之间的偏好相似度衡量 $TS_{p,g}$ 进行补充。

通过式(3.11)和(3.12)的计算,分别得到了用户的绝对活跃度和用户的相对活跃度。那么,近邻用户 u_q 相对于目标用户 u_p 的活跃度 $AC_{p \leftarrow q}$ 的计算公式如下:

$$AC_{p \leftarrow q} = AA_q \cdot RA_{p \leftarrow q} \quad (3.13)$$

在上述公式中,用户活跃度是非对称的,且 $AC_{p \leftarrow q}$ 表达了近邻用户 u_q 的活跃度对目标用户 u_p 服务选择的影响。通过计算可以发现,用户活跃度中并未包含用户的评分信息。由前文实验可以发现,尽管使用基于数值的用户之间的偏好相似度衡量协同过滤推荐算法在稀疏数据环境下的推荐效果并不理想,但在基于多维相似度融合的 O2O 服务推荐算法中,基于数值的用户之间的偏好相似度衡量是不能被完全忽略的,这也反映了用户评分矩阵中包含了很多有用的信息。因此,采用柯布-道格拉斯生产函数对用户活跃度和基于数值的用户之间的偏好相似度衡量进行融合,从而结合它们各自的优势,具体计算公式如下:

$$Bif_{p \leftarrow q}^{sim} = \begin{cases} (CS_{p,q})^\alpha \cdot (AC_{p \leftarrow q})^{1-\alpha} & sim \geqslant 0 \\ 0 & 其他 \end{cases} \quad (3.14)$$

在上述公式中,Bif^{sim} 表示非对称相似度,$Bif_{p \leftarrow q}^{sim}$ 代表用户 u_p 和 u_q 的非对称相似度,α 作为权值,用来调节基于数值的用户之间的偏好相似度衡量和用户活跃度在非对称相似度中的占比,取值范围是[0,1]。通过上述计算公式,得到表 3.9 的非对称相似度矩阵,相比基于数值的用户之间的偏好相似度衡量得到的用户之间的偏好相似度矩阵,非对称相似度矩阵具有不对称性。

在基于用户的协同过滤推荐算法中,用基于用户活跃度的非对称相似度衡量代替基于数值的用户之间的偏好相似度衡量,提出基于非对称相似度的 O2O 服务推荐算法,流程如图 3.4 所示。

表 3.9 非对称相似度矩阵

	u_1	u_2	u_3	⋯	u_m
u_1	—	$Bif^{sim}_{1\leftarrow 2}$	$Bif^{sim}_{1\leftarrow 3}$	⋯	$Bif^{sim}_{1\leftarrow m}$
u_2	$Bif^{sim}_{2\leftarrow 1}$	—	$Bif^{sim}_{2\leftarrow 3}$	⋯	$Bif^{sim}_{2\leftarrow m}$
u_3	$Bif^{sim}_{3\leftarrow 1}$	$Bif^{sim}_{3\leftarrow 2}$	—	⋯	$Bif^{sim}_{3\leftarrow m}$
⋯	⋯	⋯	⋯	—	⋯
u_m	$Bif^{sim}_{m\leftarrow 1}$	$Bif^{sim}_{m\leftarrow 2}$	$Bif^{sim}_{m\leftarrow 3}$	⋯	—

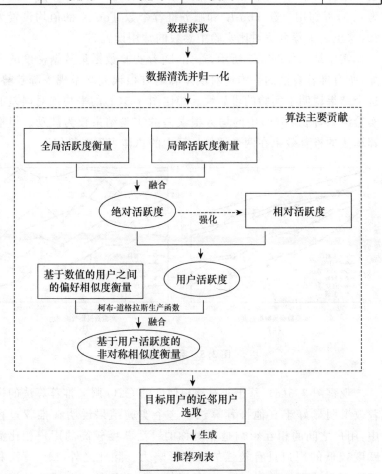

图 3.4 基于非对称相似度的 O2O 服务推荐算法流程

2. 实验分析

(1) 对比实验。通过对比实验,将本节提出的基于非对称相似度的O2O服务推荐算法(图3.5,3.6标为行为)与基于数值的用户之间的偏好相似度衡量协同过滤推荐算法(图3.5,3.6标为非对称)、基于排序的用户之间的偏好相似度衡量协同过滤推荐算法(图3.5,3.6标为数值)、基于行为的用户之间的偏好相似度衡量协同过滤推荐算法(图3.5,3.6标为排序)、奇异值分解(SVD)算法和矩阵分解(MF)算法做比较。在对比实验中,内部参数α设置为0.5,近邻用户数Top-K和服务推荐个数Top-N的值均设置为30,这也是推荐算法对比实验中参数的常用设置。

实验结果如图3.5所示,首先,随着实验数据集数据密度的增加,所有推荐算法的平均绝对误差和均方根误差均呈现下降趋势,这个结果说明了实验的可靠性。相比图3.5(a)的平均绝对误差的实验结果,图3.5(b)中的均方根误差的实验结果较为波动。但推荐算法的推荐效果在两个评估指标中的总体表现趋势相近。

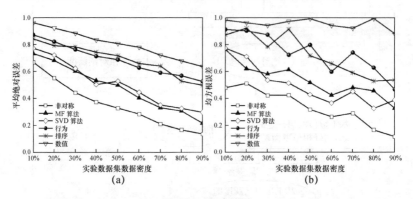

图3.5 实验结果

观察图3.5(a),基于非对称相似度的O2O服务推荐算法的推荐效果明显好于其他推荐算法。这个实验结果说明在推荐过程中,用户之间的相互影响是非对称的。活跃度较高的用户相比活跃度较低的用户具有较强的推荐影响力。除此之外,MF算法和SVD算法在稀疏数据环境下,可以较好地获取用户和服务的潜在特征,从而具有不错的推荐效果。图 3.5(b) 中关于均方根误差的实验结果与上述实验结果相似。

(2) 参数实验。参数实验又可分为外部参数实验和内部参数实验两部分。由于近邻用户群的界定对推荐效果的影响很大,在外部参数实验中,根据近邻用户数 Top-K 的不同取值对基于非对称相似度的 O2O 服务推荐算法推荐效果的影响来确定 Top-K 的最佳取值。在内部参数实验中,通过调整基于非对称相似度的 O2O 服务推荐算法的内部参数 α 来观察推荐效果,从而得到 α 的最佳取值。

在参数实验中,首先探究外部参数 Top-K 的取值对推荐算法推荐效果的影响。随机抽取实验数据集中,80% 的评分作为训练集输入基于非对称相似度的 O2O 服务推荐算法中,实验数据集中,其余 20% 的评分作为验证集来验证推荐效果,数据的分割方式参考数据挖掘研究中的常用分割方法。此时内部参数 α 设置为 0.5。由于 O2O 服务数据集的用户总数为 502,247 个,那么,对于一个目标用户,他的近邻用户群最大用户数为 502,246 个。因此在这部分实验中,Top-K 的取值以 5 为步长,取值区间是 [5,502,246]。

图 3.6 是外部参数实验结果。首先,与对比实验的结论相似,基于非对称相似度的 O2O 服务推荐算法的推荐效果好于其他对比推荐算法。其次,如图 3.6(a) 所示,所有推荐算法的平均绝对误差均呈现"U"形曲线,即随着 Top-K 的增加,平均绝对误差首先降低,然后升高,最后保持平稳,且当 Top-K 取值为 35 或 40 时,这些推荐算法具有最好的推荐效果。当 Top-K 取值超过 75 时,所有推荐算法的推荐效果保持不变。图 3.6(b) 中关于均方根误差的实验结果与平均绝对误差实验结果相似,但具有更大的波动性。

近邻用户群的界定是基于用户的协同过滤推荐算法的重要步骤,该步骤的正确性将直接影响推荐算法的推荐效果。当近邻用户数量不足时,推荐效果会受到数据不足的影响。因此,当 Top-K 的值从 5 开始递增时,算法的推荐效果逐渐提升。然而,随着 Top-K 的值继续增加并超过 35 或 40 时,与目标用户之间的偏好相似

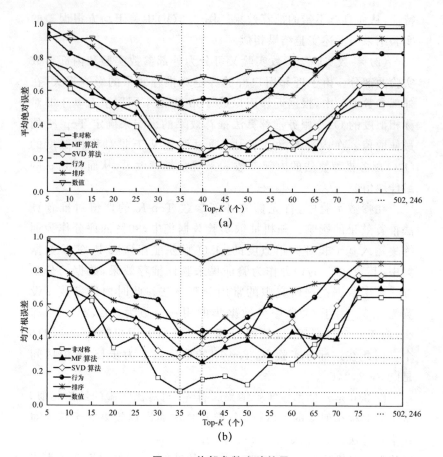

图 3.6 外部参数实验结果

度较低的用户会进入其他的近邻用户群,这些用户的服务选择行为与目标用户的服务选择行为没有相关性,会对备选服务评分预测产生干扰,影响了推荐算法的推荐效果。而当 Top-K 的值继续增加并超过 75 时,所有与目标用户之间的偏好相似度衡量大于 0 的用户将全部被界定为目标用户的近邻用户,此时,近邻用户群的组成不会发生变化,从而推荐效果保持不变。

在基于非对称相似度的 O2O 服务推荐算法中,内部参数 α 作为权值,用来调节基于数值的用户之间的偏好相似度和用户活跃度在非对称相似度中的占比。在关于 α 的参数实验中，Top-K 设置为前文实验中得到的最优取值 35。内部参数实验结果如图 3.7 所示，基于非对称相似度的 O2O 服务推荐算法的推荐效果随着实验数据集数据密度的增加而提升，说明了这部分实验的可靠性，平均绝对误差的总体趋势均随着 α 值的增大而减小。且当 α 取值为 0.7、0.8 或 0.9 时，平均绝对误差值达到最小；当 α 取值为 1 时，平均绝对误差值陡然升高。

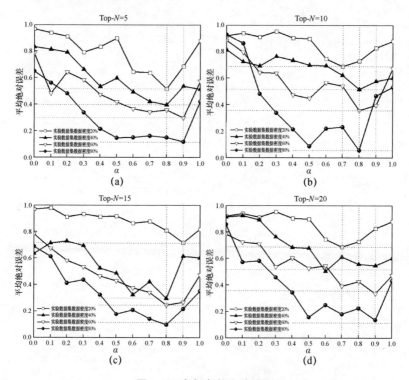

图 3.7 内部参数实验结果

这个实验结果证明了非对称相似度要比对称相似度能更好地反映用户在推荐过程中的影响差异性。但是值得注意的是，当完全不考虑基于数值的用户之间的偏好相似度衡量时，基于非对称相似度的 O2O 服务推荐算法的推荐效果会大幅下降，这个实验结果与基于多维相似度融合的 O2O 服务推荐算法的参数实验结果相似,那就是基于数值的用户之间的偏好相似度衡量是不能被完全忽略的。

第 4 章　基于网络的 O2O 服务推荐算法

通过第 3 章的相关研究,可以发现在稀疏数据环境下,用户与服务的使用交互行为隐藏着非常有价值且准确的信息,比评分行为更能准确地衡量用户之间的偏好相似度。用户与服务的使用交互行为又可以分为:服务被用户使用的情况("被动交互")和用户使用服务的行为("主动交互")。为了解决稀疏数据环境下的推荐算法推荐不准确和推荐难的问题,本章基于用户评分矩阵,从"被动交互"的角度构建基于关联关系的服务网络,从"主动交互"的角度构建基于关联关系的用户网络。

4.1　基于服务网络的 O2O 服务推荐算法

人类的行为具有高度的复杂性,用户对 O2O 服务的选择过程是复杂的。用户使用过的所有服务之间存在着非常复杂的关系,甚至有些关系反映了人类潜意识的行为,是无法度量或者用语言描述的。为了迎合用户的偏好,平台经常为用户推荐一些与他使用过的服务相似度很高的服务。然而,在一些情境下,这些服务并不能真正满足用户的需求,反而降低了用户对平台的好感度。例如,一个用户今天选择了火锅,平台会根据他的这个选择行为在后续几天中,继续为他推荐火锅。然而,很少有用户会在相对较短的时间内选择同一类型的餐饮服务。因此,同一个用户使用过的所有餐饮服务之间除了可能存在的相似性关系之外,还可能存在互补性关系、顺序性关系以及其他关系。互补性表现为两个餐饮服务的类型完全不同,因此可以满足用户的多样性需求。例如,火锅和家常菜之间就存在着一定的互补性,即便二者之间的相似性很差,但是在为选择过火锅的用户推荐家常菜时,相比于再次推荐火锅,用户对平台的这次推荐可能会更满意。顺序性表现为两个餐饮服务在短时间内具有一定的先后关系。还以火锅为例,有的用户在吃完火锅之后可能会选择吃冰激凌来缓解火锅的热和辣,火锅和冰激凌之间的相似性也很差,但针对这些用户而言却存在着很强的顺序性。用户使用过的餐饮服务之间除了相似性、互补性和顺序性关系之外,还可能存在着很多其他复杂的关系。但是,这些关系都直观地表现为被同一个用户使用过,这就是大数据分析中的项目关联性特征,即两个服务被相同的用户使用过,无论这个行为背后隐藏的两个服务之间的关系是简单的还是复杂的,都可以归结为二者存在着一定的关联性。事实上,任何的商品或服务,都可以基于用户的服务使用行为观察它们之间的关联性特征。基于以上分析,本节提出了一种基于服务网络的 O2O 服务推荐算法,服务网络由不同服务被相同的用户使用过体现的服务之间的关联性特征来构建。下面将对服务网络的构建,以及服务网络中的节点和边进行具体的分析。

4.1.1 服务网络的构建

假设 $U=\{u_i | i \in \{1,\cdots,n\}\}$ 为 n 个用户的集合;$OS=\{os_j | j \in \{1,\cdots,m\}\}$ 为 m 个 O2O 服务的集合;$R=\{r_{i,j} | i \in \{1,\cdots,n\}, j \in \{1,\cdots,m\}\}$ 表示用户评分矩阵,其中,$r_{i,j}$ 代表用户 u_i 对 O2O 服务 os_j 的评分。通过用户评分矩阵 R 可以得到服务关系矩阵 $F=\{f_{a,b} | a,b \in \{1,\cdots,n\}\}$,其中 $f_{a,b}$ 代表服务 os_a 和 os_b 被同一个用户使用过的次数。当 $a=b$ 时,f 则代表服务 os_a 被总共使用过的次数。$f_{a,b}$ 的计算公式如下:

$$f_{a,b} = \begin{cases} \sum_{i=1}^{n} sgn(r_{i,a}) & a=b \\ \sum_{i=1}^{n} A(sgn(r_{i,a}), sgn(r_{i,b})) & a \neq b \end{cases} \quad (4.1)$$

$$sgn(x) = \begin{cases} 1 & x \neq 0 \\ 0 & x = 0 \end{cases} \quad (4.2)$$

$$A(x,y) = \begin{cases} 1 & x=1 \text{ 且 } y=1 \\ 0 & \text{其他} \end{cases} \quad (4.3)$$

在上述公式中,$sgn(x)$ 被定义为一种新的符号函数,当 $x=0$ 时,它的函数值为 0,其余情况函数值为 1。$A(x,y)$ 为"AND"函数,当且仅当 x 和 y 均为 1 时,它的函数值为 1。由式(4.1)知,当 $a=b$ 时,$f_{a,b}$ 为用户评分矩阵 R 中第 a 列非 0 元素的个数。当 $a \neq b$ 时,$f_{a,b}$ 为用户评分矩阵 R 中非 0 元素行的个数。通过服务关系矩阵 F,将矩阵中非 0 元素对应的一对服务用边连接起来,从而得到服务网络。

4.1.2 服务网络分析

1. 服务网络节点的分析

在用户对服务选择的过程中,服务的本质属性对用户的选择会产生一定的影响。例如,如果把那些口碑好的"网红"服务或是能满足用户基本生活需求的服务推荐给用户时,它们大概率会被选择。同时,用户还会因为对平台的推荐较为满意,提升对平台的服务依赖度。通过服务被使用过的次数和服务在网络中的关联性分别来衡量服务的两个本质属性——服务热度和服务通用性。

(1) 服务热度。服务热度体现了一个服务的流行程度和口碑,可以直观地通过服务关系矩阵 F 中服务被使用过的次数来衡量,服务热度与服务网络结构是不存在任何关系的,该指标是服务的绝对本质属性。热度高的服务表明它被较多用户所认可。当平台把这些热度高的服务推荐给用户时,用户有很大概率会选择并接受它们。在服务关系矩阵 F 中,对角线上的元素表示服务被使用过的次数。为了方便后续计算,将次数进行"效益型"归一化处理,从而得到服务 os_j 的服务热度 p_j,具体计算公式如下:

$$p_j = \frac{f_j - f_{\min}}{f_{\max} - f_{\min}} \quad (4.4)$$

在上述公式中,f_j 代表服务 os_j 被使用过的次数,即服务关系矩阵 F 中 $f_{j,j}$ 的简写,$f_{\min}$ 和 $f_{\max}$ 分别代表平台上被使用过的最少和最多的服务的次数,即服务关系矩阵 F 中对角线上的元素的最小值和最大值。不难发现,服务网络在服务热度中未能得到体现。

(2) 服务通用性。在服务网络中,节点代表 O2O 服务,针对节点的网络属性分析是非常重要的。其中,节点的程度中心性是节点的网络属性分析中常用的分析方式。针对服务网络中的一个目标节点,它的程度中心性通过服务网络中与它直接相连的节点个数来衡量。在服务网络中,服务的程度中心性较高表明它与较多的服务相连,意味着用户对该服务的选择不影响对其他服务的选择,且这个服务通常能满足用户生活中的基本需求,例如难吃的食堂。因此,程度中心性反映了服务通用性。与服务热度不同,服务通用性受网络结构的影响,是服务的相对本质属性。当平台将通用性较高的服务推荐给用户时,用户通常都会接受,因为这类服务通常具有"必需品"性质。通过以上分析,服务通用性采用节点的程度中心性来衡量,计算公式如下:

$$c_j = \frac{\sum_{k=1, j \neq k}^{m} sgn(f_{j,k})}{m-1} \tag{4.5}$$

在上述公式中,c_j 代表 os_j 的服务通用性,取值范围为[0,1]。因为服务热度和服务通用性从两个不同的角度衡量了服务的本质属性。因此,为了综合衡量服务的本质属性,通过线性合成的方式将两个本质属性进行融合,具体计算公式如下:

$$sp_j = \alpha \times p_j + (1-\alpha) \times c_j \tag{4.6}$$

在上述公式中,sp_j 代表 os_j 的服务综合本质属性。α 为调整服务热度和服务通用性在服务综合本质属性占比的权值,取值范围为[0,1]。

2. 服务网络边的分析

服务网络中的边描述了两个服务之间的关联性。边的权值反映了被它相连的两个服务之间的关联程度。边的权值越大代表两个服务的关联程度越高。在经典的 I-CF 推荐算法中,通常采用皮尔逊相关系数来衡量两个服务之间的特征相似度。然而,特征相似度并不能衡量两个服务之间的关联性。实际上,人类行为的高度复杂性使得用户服务选择行为也是复杂的。即使一个备选服务与目标用户使用过的服务具有较高的特征相似度,该备选服务也未必能够满足用户的潜在需求。相比而言,用户服务选择行为则是将这个复杂的过程表象化。例如,两个被同一个用户使用过的服务之间可能存在着非常复杂的关系,但是无论它们之间的关系多么复杂,都客观并简单地表现为它们被同一个用户使用过了。如果这两个服务被一定数量的用户使用过,即便无法探究到二者之间到底存在着什么样的关系(如顺序性、互补性等),都可以认定这两个服务之间具有很强的关联性。因此,服务网络中边的权值通过两个服务被同一个用户使用过的次数来衡量,即当 $f_{i,j}$ 不为 0 时,$f_{i,j}$ 即为连接两个服务 os_i 和 os_j 的边的权值。为方便后续计算,将 $f_{i,j}$ 采用"效益型"归一化处理,结果用 $w_{i,j}$ 表示,取值范围为(0,1)。

4.1.3 推荐算法设计

本节通过示例来介绍基于服务网络的 O2O 服务推荐算法的流程。首先,针对目标用户 u_p,将服务网络中与他使用过的服务相连接的服务界定为他的备选服务。例如,在图 4.1 中,u_p 使用过服务 os_4 和 os_6,由于在网络中,os_1、os_2、os_5 和 os_7 与这两个服务直接相连,因此它们可以作为 u_p 的备选服务。然后,根据备选服务与 u_p 使用过的服务的关联性,来计算它们的服务推荐指数。在服务网络中,考虑到有的备选服务可能会与用户使用过的多个服务相连接,那么这个备选服务与用户使用过的服务集存在着很强的关联性。从而,使得它更可能符合用户的偏好,满足用户的潜在需求。在图 4.1 中,os_1 和 os_5 均与 u_p 使用过的所有服务相连接,它们就存在着这种强关联性。因此,在服务推荐指数的计算过程中,采用倍数增强因子体现备选服务的强关联性,具体计算公式如下:

$$PCD_{p,i} = \begin{cases} w_{i,j} & os_i \in C_{p,i} \cap |C_{p,i}|=1 \\ n\sum_{os_i \in C_{p,i}} w_{i,j} & |C_{p,i}|=n>1 \end{cases} \quad (4.7)$$

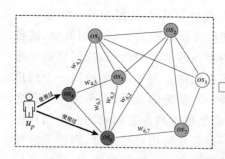

图 4.1 初始推荐列表的生成

在上述公式中,$PCD_{p,i}$ 表示备选服务 os_i 关于目标用户 u_p 的服务推荐指数。$C_{p,i}$ 代表用户 u_p 使用过并在服务网络与 os_i 直接相连的服务的集合,$|C_{p,i}|$ 则代表该集合中元素的个数,即在 u_p 使用过的服务中,与 os_i 直接相连的服务的个数。例如,在图 4.1 中,由于备选服务 os_7 只与 u_p 使用过的服务 os_6 相连接,因此,$PCD_{p,7}$ 就等于连接节点 os_6 和 os_7 的边的权值 $w_{6,7}$。相比而言,由于备选服务 os_1 跟 u_p 使用过的服务 os_4 和 os_6 均相连,因此 $PCD_{p,1}$ 等于 $2(w_{4,1}+w_{6,1})$。在这里,2 代表倍数增强因子,即式(4.7)中的 n。根据上述过程,将备选服务按照服务推荐指数降序排列,得到关于目标用户 u_p 的个性化服务推荐列表,然而,在以上推荐列表生成的过程中,并未考虑服务本质属性,因此它只能作为目标用户 u_p 的初始推荐列表。

需要根据备选服务的两个本质属性:服务热度和服务通用性,对备选服务的初始推荐列表进行调整。首先,假定 AS_p 是关于目标用户 u_p 的备选服务的集合,对服务推荐指数进行"效益型"归一化处理,得到 $NPCD$,其取值范围为[0,1]。然后,在 AS_p 中随机挑选两个不同的备选服务 os_m 和 os_n,分别计算这两个备选服务的综合本质属性 sp 的差值 SDF 和 $NPCD$ 的差值 NDF:

$$SDF_{m,n} = sp_m - sp_n$$
$$NDF_{m,n}^p = NPCD_{p,m} - NPCD_{p,n} \qquad (4.8)$$

如果 $SDF_{m,n}$ 和 $NDF_{m,n}^p$ 满足:

$$\begin{cases} NDF_{m,n}^p \times SDF_{m,n} < 0 \\ |NDF_{m,n}^p| < \beta \times |SDF_{m,n}| \end{cases} \quad (4.9)$$

则对调两个备选服务在推荐列表中的位置。最后,重复以上步骤,直到 AS_p 中任意两个备选服务均不满足式(4.9)时,得到的备选服务排序为最终推荐列表,如图 4.2 所示。

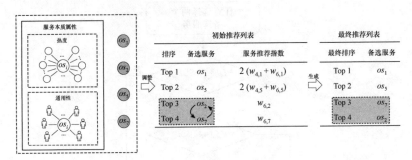

图 4.2 最终推荐列表的生成

在式(4.9)中,当 $NDF_{m,n}^p \times SDF_{m,n} < 0$ 时,需要考虑是否调整两个备选服务在初始推荐列表中的位置。假设服务网络关联性特征和服务本质属性对推荐算法影响是相同的,那么,当 $|SDF_{m,n}| > |NDF_{m,n}^p|$ 时,则要对调两个备选服务在初始推荐列表中的位置。但是,服务网络关联性特征和服务本质属性对推荐算法的影响不一定相同。因此,在式(4.9)中,假定 β 为权值,$\beta=1$ 表示二者对推荐算法具有相同的影响;$\beta>1$ 则表示服务本质属性对推荐算法的影响要大于服务网络关联性特征;$\beta<1$ 则表示相反的含义。在后文实验中,将通过观察 β 在不同取值情况下推荐算法的推荐效果来探究它的最优取值,并对实验结果进行分析。对上述推荐列表的调整过程,如图 4.3 所示。通过以上步骤,得到了关于目标用户 u_p 最终的个性化推荐列表。

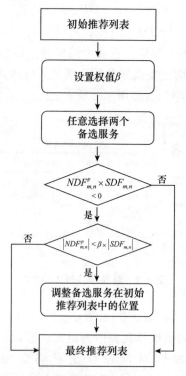

图 4.3 推荐列表的调整过程

4.1.4 实验过程与结论分析

实验分为两部分,第一部分为对比实验。在对比实验中,通过本章提出的基于服务网络的 O2O 服务推荐算法与经典的协同过滤推荐算法(U-CF 和 I-CF)、SVD 算法和 MF 算法的比较,分析这些算法各自的优势和不足。除此之外,本部分实验还通过观察不考虑服务本质属性的基于服务网络的 O2O 服务推荐算法的推荐效果,来探究服务本质属性对用户服务选择行为的影响。第二部分为参数实验。首先,通过观察基于服务网络的 O2O 服务推荐算法在权值 α 取不同值时的推荐效果来探究 α 的最优取值,并对实验结果进行分析;然后,再以同样的方式探究权值 β 的最优取值。关于实验数据、对比实验设计、参数实验设计和交叉验证等相关内容与第 3 章相似。推荐算法的推荐准确度采用 F 值（F-Score）来评估，F 值越大说明推荐准确度越高。除此之外，本节还通过构建和观察不同实验数据集数据密度下的服务网络，来分析数据稀疏问题对基于服务网络的 O2O 服务推荐算法的影响。

1. 对比实验

在对比实验中，所有算法的近邻用户数 Top-K 和服务推荐个数 Top-N 均设置为 30，基于服务网络的 O2O 服务推荐算法和不考虑服务本质属性的基于服务网络的 O2O 服务推荐算法的权值 α 和 β 分别设置为 0.5 和 1。观察图 4.4 中不同推荐算法在不同实验数据集数据密度下的推荐效果。首先，可以看到所有推荐算法的推荐效果均随着实验数据集数据密度的增加而提升，从而证明了实验结果的可靠性；其次，本章提出的基于服务网络的 O2O 服务推荐算法（图 4.4 标为服务网络），无论是否考虑服务本质属性对推荐算法的影响，它们的推荐效果均明显好于经典的协同过滤推荐算法（U-CF 和 I-CF）的推荐效果。但是，与 SVD 算法和 MF 算法相比时，不考虑服务本质属性的基于服务网络的 O2O 服务推荐算法[图 4.4 标为服务网络（不考虑服务本质属性）]的推荐效果并没有展现出明显的优势，甚至稍逊于 MF 算法。不过即便如此，基于服务网络的 O2O 服务推荐算法相比于 MF 算法和 SVD 算法，在推荐准确度上还是表现出了一定的优势。这个实验结果说明，在稀疏数据环境下，由于两个用户使用过的相同服务的数量过少，基于数值的用户之间的偏好相似度衡量结果是不准确的，从而导致了 U-CF 推荐算法的推荐不准确和推荐难的问题。然而，在实验中发现，即便在实验数据集数据密度较小的情况下，绝大部分甚至全部用户使用过的服务都可以被连接到本章提出的服务网络中，从而解决了稀疏数据环境下推荐难的问题。MF 算法和 SVD 算法通过低维度近似估计的思想对原始数据进行填充，并在这个过程中，通过挖掘用户和服务在同一维度的潜在特征向量，可以较为准确地分析用户的偏好，因此，MF 算法和 SVD 算法具有令人满意的推荐效果。除此之外，基于服务网络的 O2O 服务推荐算法的推荐效果好于不考虑服务本质属性的基于服务网络的O2O服务推荐算法的推荐效果,实验结果证明了服务本质属性对基于服务网络的O2O服务推荐算法具有一定影响,因此它在推荐过程中有着重要作用。服务本质属性对基于服务网络的O2O服务推荐算法的影响将在参数实验部分介绍。

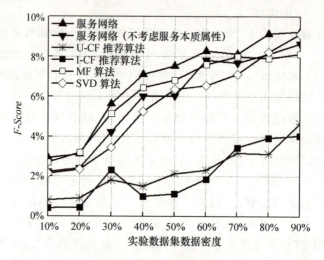

图4.4 实验结果

2. 参数实验

在参数实验中,首先是 α 参数实验,通过观察基于服务网络的O2O服务推荐算法在 α 取不同值时的推荐效果来探究 α 的最优取值,并对实验结果进行分析,在这个过程中, $\beta=1$ 。然后在 β 参数实验中,将 α 的值设置为 α 参数实验中得到的最优值,然后以同样的方式探究参数 β 的最优取值。

(1) α 参数实验。服务综合本质属性可以用服务热度和服务通用性来衡量,且它们在服务综合本质属性中的占比通过 α 来调整。如图4.5所示,在不同的实验数据集数据密度下,当 $\alpha=0.6$ 或 $\alpha=0.7$ 时,基于服务网络的O2O服务推荐算法的推荐效果较好。实验结果表明服务热度和服务通用性对服务综合本质属性的衡量均有重要作用,它们都对用户的服务选择行为具有一定的影响,且服务热度比服务通用性的影响稍大一些,这是因为即便平台没有向用户推荐那些通用性服务,用户也会为了满足自身需求而去选择那些服务。

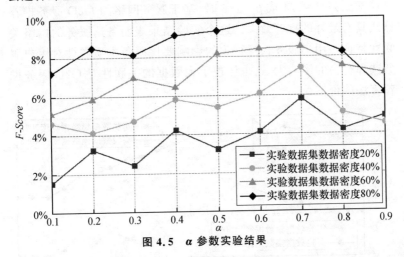

图 4.5　α 参数实验结果

(2) β 参数实验。备选服务在推荐列表中的最终排序是在综合考虑了服务网络关联性特征和服务本质属性基础上得到的排序结果。参数 β 用来调整二者对基于服务网络的 O2O 服务推荐算法的影响。$\beta=1$ 表示服务网络关联性特征和服务本质属性对推荐算法具有相同的影响力;$\beta>1$ 表示服务本质属性对推荐算法的影响大于服务网络关联性特征;$\beta<1$ 则相反。具体地,以 $\beta=1$ 为分界点,当 $\beta>1$ 时,β 的取值范围为[2,100],且以 1 为步长,这个范围内的 β 值代表了服务本质属性重要于服务网络关联性特征的倍数,例如,$\beta=2$ 表示服务本质属性要比服务网络关联性特征重要 2 倍。

实验结果如图 4.6 所示。4 条曲线的位置关系表明了随着实验数据集数据密度的增加,推荐算法的推荐效果得到提升。证明了这部分实验的正确性。可以观察到,图中的曲线都呈现"倒 U"形,并且,在 $\beta>10$ 和 $\beta<1/10$ 时,推荐效果变化不大(由于空间有限,省略了这两个区间的实验结果)。这个实验现象说明服务网络关联性特征和服务本质属性对基于服务网络的 O2O 服务推荐

算法都有一定影响,只考虑其中的一个方面得到的推荐列表不能最大程度地满足用户的偏好和需求。当 β 的取值在 $\left[\frac{1}{10}, 10\right]$ 时,可以观察到当 $\beta=1/4$ 或 $\beta=1/5$ 时,基于服务网络的 O2O 服务推荐算法具有最好的推荐效果。这个实验结果表明备选服务的网络关联性特征对用户服务选择行为的影响要比服务本质属性对用户服务选择行为的影响大,这也体现了大数据的关联性对 O2O 服务推荐算法的价值。

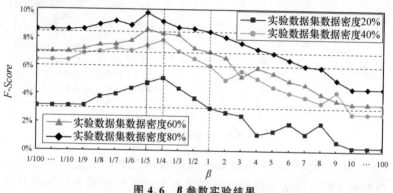

图 4.6 β 参数实验结果

3. 算法小结

本算法基于大数据分析中的项目关联性特征,通过用户评分矩阵中包含的服务被用户使用过的情况的信息,来构建服务网络。服务网络中的节点代表服务,服务本质属性分为服务热度和服务通用性。服务网络中的边代表服务之间的关联性。边的权值则用来反映两个服务之间的关联性程度,通过两个服务被同一个用户使用过的次数来衡量。实验结果表明,服务热度和服务通用性在用户服务选择行为中均有重要的影响。实验结果表明当用户评分矩阵的数据密度大于 5% 时,平台上用户使用过的所有服务都被连接到服务网络中,这意味着对于在平台上任何一个只要使用过服务的用户,服务网络中的所有服务都有机会被推荐给他,从而解决了稀疏数据环境下推荐难的问题。但是对于新用户和新服务的冷启动问题,基于服务网络的 O2O 服务推荐算法未能很好地解决。

4.2 基于用户网络的 O2O 服务推荐算法

在关于用户之间的偏好相似度衡量的研究中发现,在稀疏数据环境下,基于行为的用户之间的偏好相似度衡量相比于基于数值的用户之间的偏好相似度衡量,能够更加准确地衡量两个用户之间的偏好相似度。在稀疏数据环境下,两个用户使用过的相同服务的数量相对较少,使得他们各自对这些服务的评分并不能"完整"地反映他们的服务偏好,因此得到的用户之间的偏好相似度衡量结果准确度较差。从表 4.1 的例子可以看出,用户 u_{34} 和 u_{562} 使用过的相同服务的数量只有 1 个,即 os_{231},但他们对这个服务给出了完全相同的评分。如果采用基于数值的用户之间的偏好相似度衡量二者之间的偏好相似度,结果为 1,显然这个衡量结果是不准确的。因为,只有用户与服务相对完整的交互记录才能较为准确地衡量用户的偏好。例如,用户 u_{34} 偏好的衡量应该基于他对所有使用过的服务的评分。因此,相比基于数值的用户之间的偏好相似度衡量,基于行为的用户之间的偏好相似度衡量是基于两个用户完整的服务选择行为得到的衡量结果。即在这个例子中,基于行为的用户之间的偏好相似度衡量用到的是 1 个服务,而不是基于数值的用户之间的偏好相似度衡量用到的两个 3 分。因此在稀疏数据环境下,基于行为的用户之间的偏好相似度衡量可以更准确地衡量用户之间的偏好相似度,从而也说明了用户与服务的使用交互行为比评分交互行为更能准确地衡量用户之间的偏好相似度。

表 4.1 用户使用过的服务及评分

用户	O2O 服务							
	os_{23}	os_{45}	os_{56}	os_{92}	os_{231}	os_{324}	os_{3291}	os_{10932}
u_{34}	4	2	1	5	3			
u_{562}					3	2	4	1

在海量备选服务中,两个用户选择了相同的服务,即便他们给

出不一致的评分,二者之间的偏好也存在着很强的相似度。本节以用户与服务的使用交互行为的另一个角度——用户使用服务的行为("主动交互")为出发点,构建基于用户评分矩阵的用户网络,并在此基础上,提出了一种基于用户网络的 O2O 服务推荐算法。该算法还考虑了 O2O 服务的地理位置特征,这种考虑了地理位置的 O2O 服务推荐算法更加适用于推荐系统。

4.2.1 用户网络构建

假设 $U=\{u_i | i \in \{1,\cdots,n\}\}$ 为 n 个用户的集合;$OS=\{os_j | j \in \{1,\cdots,m\}\}$ 为 m 个 O2O 服务的集合;$R=\{r_{i,j} | i \in \{1,\cdots,n\}, j \in \{1,\cdots,m\}\}$ 表示用户评分矩阵,其中,$r_{i,j}$ 代表用户 u_i 对 O2O 服务 os_j 的评分。基于用户评分矩阵,可以通过以下计算方式得到用户关系矩阵 $UM=\{um_{p,q} | p,q \in \{1,\cdots,n\}\}$。

$$um_{p,q} = \begin{cases} |S_p \cap S_q| & p \neq q \\ |S_p| = |S_q| & p = q \end{cases} \quad (4.10)$$

在上述公式中,S_p 和 S_q 分别代表用户 u_p 和 u_q 使用过的服务的集合,$S_p \cap S_q$ 表示他们使用过的相同服务的集合。当 $p \neq q$ 时,$um_{p,q}$ 代表用户 u_p 和 u_q 使用过的相同服务的数量,即用户评分矩阵 R 中 u_p 行和 u_q 行形成的 $2 \times m$ 矩阵中,非 0 元素列的个数,且 $um_{p,q}=um_{q,p}$。因此,用户关系矩阵 UM 为对角线矩阵,对角线上的元素为用户各自使用过的服务的数量。用户评分矩阵和用户关系矩阵如图 4.7 所示。

	os_1	os_2	...	os_j	...	os_m
u_1	$r_{1,1}$	$r_{1,2}$	...	$r_{1,j}$		$r_{1,m}$
u_2	$r_{2,1}$	$r_{2,2}$	...	$r_{2,j}$		$r_{2,m}$
...						
u_i	$r_{i,1}$	$r_{i,2}$	...	$r_{n,j}$		$r_{n,m}$
...						
u_n	$r_{n,1}$	$r_{n,2}$	...	$r_{n,j}$		$r_{n,m}$

(a)

	u_1	...	u_p	u_q	...	u_n
u_1	$um_{1,1}$	...	$um_{1,p}$	$um_{1,q}$	...	$um_{1,n}$
...						
u_p	$um_{p,1}$	...	$um_{p,p}$	$um_{p,q}$	...	$um_{p,n}$
u_q	$um_{q,1}$	...	$um_{q,p}$	$um_{q,q}$	...	$um_{q,n}$
...						
u_n	$um_{n,1}$	...	$um_{n,p}$	$um_{n,q}$	...	$um_{n,n}$

(b)

图 4.7 用户评分矩阵和用户关系矩阵

如图 4.8 所示,用户网络基于用户关系矩阵生成。具体地,对于用户网络中任意两个用户 u_p 和 u_q,当 $um_{p,q} \neq 0$ 时,u_p 和 u_q 则在用户网络中被一条线相连,代表这两个用户使用过相同的服务。

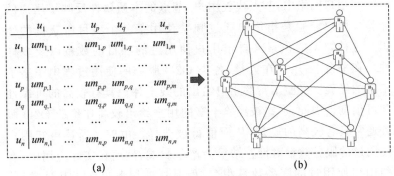

图 4.8 用户关系矩阵和用户网络

从图论的角度为用户网络定义,假定 $G=(N,T)$ 为基于用户关系矩阵的无向图。其中,定义 N 和 T 分别代表该图中的节点和边的集合。图中的节点代表用户,边代表用户之间的关系。如果节点 u_p 和 u_q 在集合 N 中,且 (p,q) 属于 T,那么,u_p 和 u_q 在图 G 中被一条线所连接。值得注意的是,并非所有用户都在集合 N 中。当一个用户使用过的所有服务均未被其他用户使用过时,该用户则不在集合 N 中。因此,集合 U 和 N 的关系由以下公式表示:

$$\begin{aligned} u_i \in N &\Rightarrow u_i \in U \\ u_i \in U &\not\Rightarrow u_i \in N \end{aligned} \quad i \in (1,n) \quad (4.11)$$

在 O2O 服务数据集中,O2O 服务和用户的数量分别为 12,923 个和 502,247 个,在这些用户中,最活跃的用户也仅使用过其中 132 个服务。因此,在庞大的备选服务中,两个用户选择了相同的服务,即使使用过后给出不一致的评价,也能说明他们之间具有较强的行为关联性,这种关联性体现了二者之间的偏好相似度,这也是用户网络构建的核心思想。除此之外,对于网络中的任何一个用户,网络中其他用户使用过的服务均可以推荐给他,从而解决了稀疏数据环境下推荐难的问题。下面将对网络中的节点和边的相关属性进行分析。

4.2.2 用户网络分析

1. 用户网络节点的分析

在用户网络中,节点代表用户,节点的本质属性反映了用户的经验。用户经验是指用户通过频繁使用某一个项目所获得的知识。这种知识的积累来自于用户使用过的项目的数量以及多样性。在平台上,用户在大量、各类 O2O 服务的使用过程中积累了丰富的经验。经验丰富的用户给出的线上评论具有较高的可靠性和可信度。因此,那些被经验丰富的用户给出较高评价的 O2O 服务通常具有较高的质量,从而值得被选择。由前文所述可知用户使用过的服务数量对推荐结果会产生影响,然而在实际应用中,有些用户使用过的服务数量很多,但是这些服务仅属于某种类别。因此,此处从使用过的服务数量和多样性两个方面对用户经验进行衡量,分别用行为活跃度和偏好多样性表示。

用户经验的提高可以通过使用过的服务数量的积累达到,即行为活跃度。该属性不会受到用户网络中其他用户的影响,是用户的本质属性。为了方便后续计算,行为活跃度的具体计算公式如下:

$$ba_p = \frac{um_{p,p} - um_{\min}}{um_{\max} - um_{\min}} \tag{4.12}$$

在上述公式中,ba_p 代表用户 u_p 的行为活跃度,取值范围为 $[0,1]$,$um_{p,p}$ 代表 u_p 使用过的服务数量,$um_{\max}$ 代表平台上使用服务最多的那个用户使用过的服务数量,$um_{\min}$ 则与 $um_{\max}$ 相反,且通常为 1。

除了服务数量,用户经验的提高也可以通过使用过的服务的多样性来达到,即偏好多样性。不同于用户使用过的服务数量可以直观地被看到,用户评分矩阵中并未包含关于服务种类的信息。因此,考虑到不同用户的偏好不同,他们喜欢的服务种类也可能不同,从而使得用户使用过的服务的集合 $S_i (i \in \{1,\cdots,n\})$ 中包含的服务种类很多,所以,当用户 u_p 与很多不同的用户都有使用过相同服务的行为时,u_p 使用过的服务集合 S_p 就会包含较多的服务种类,从而反映出 u_p 具有一定的偏好多样性。而在用户网络中,u_p 与多少个用户直接相连,即他的网络连接程度,恰好可以反映 u_p 的偏好多样性。具体计算公式如下:

$$pd_p = \frac{\sum_{i=1,i\neq p}^{m} sgn(|S_i \cap S_p|)}{m-1} \quad (4.13)$$

$$sgn(x) = \begin{cases} 1 & x \neq 0 \\ 0 & x = 0 \end{cases} \quad (4.14)$$

在上述公式中,pd_p 代表用户 u_p 的偏好多样性,取值范围为 [0,1]。$sgn(x)$ 被定义为一种新的符号函数。S_i 和 S_p 分别代表 u_i 和 u_p 使用过的服务集合。$|S_i \cap S_p|$ 则为这两个用户使用过的相同服务的数量。为了综合衡量用户 u_p 的经验,采用柯布-道格拉斯生产函数对 u_p 的行为活跃度和偏好多样性进行融合,具体计算公式如下:

$$ca_p = (ba_p)^{1-\alpha} \cdot (pd_p)^{\alpha} \quad (4.15)$$

上述公式中,ca_p 代表用户 u_p 的经验,也是该用户节点的本质属性。α 为权值,用来调整行为活跃度和偏好多样性在用户经验中的占比,它的取值范围为[0,1]。

2. 用户网络边的分析

在用户网络中,边用来描述用户之间的行为关联性,边的权值用来衡量关联程度,是用户网络边的分析的关键。

用户网络的构建主要基于两个用户使用过的相同服务的行为。如果两个用户使用过相同的服务,就用一条边将他们连接起来。在稀疏数据环境下,两个用户使用过的相同服务的数量相比他们对这些服务的评分,更能准确地衡量他们之间的偏好相似度。除此之外,在其他网络研究中,两个节点之间的"共同项目"数量是衡量连接它们边的权值的一个常用指标,其中包括在社交网络中,用户节点参与共同事件的数量;在合作网络中,作者节点共同署名文章的数量;在商业网络中,公司节点共同投资项目的数量;等等。因此,在用户网络中,边的权值也可以用来衡量用户之间的偏好相似度。

通过前面的实验结论发现,尽管基于数值的用户之间偏好相似度协同过滤推荐算法在稀疏数据环境下的推荐结果不准确,但是基于数值的用户之间的偏好相似度衡量是不能被完全忽略的。因为相比于两个用户使用过的相同服务的数量,他们对这些使用过的相同服务的评分包含了更多的信息,从而可以较为准确地衡量二者之间的偏好相似度。因此,基于数值的用户之间的偏好相似度协同过滤推荐算法被 O2O 服务平台广泛应用,并从提出以来一直被沿用至今。

综合以上两点,用户网络中边的权值主要是由两个用户使用过的相同服务的数量决定的。在边的权值的衡量中,两个用户使用过的相同服务的数量作为衡量的"主因子"。如果两个用户对使用过的相同服务给出了相似的评价,那么他们之间的偏好相似度应比那些仅仅使用过一定数量的相同服务,但给出不一致评价的两个用户之间的偏好相似度更高。但是,在前文的分析中,用户之间在网络中的关联程度更多地还是基于他们使用过的相同服务的数量。因此,在边的权值的计算中,基于数值的用户之间的偏好相似度衡量可以作为"增强因子"。根据以上分析,用户网络中连接用户 u_p 和 u_q 的边的权值 $ts_{p,q}$ 的具体计算公式如下:

$$ts_{p,q} = um_{p,q} \times (1 + CS_{p,q}) \qquad (4.16)$$

在上述公式中,$um_{p,q}$ 为大于 0 的正整数,为用户使用过的相同服务的数量,$CS_{p,q}$ 的取值范围为[0,1],为基于数值的用户之间的偏好相似度衡量。因此,该公式的含义是:如果用户 u_p 和 u_q 使用过一定数量的相同服务,并对这些服务给出相似的评价,那么 $CS_{p,q}$ 通过衡量这些评价的相似度"缩短"这两个用户之间的偏好"距离"。即使两个用户对这些服务给出不一致的评价,他们之间的关联程度也主要由他们使用过的相同服务的数量来决定。

4.2.3 推荐算法设计

对于一个目标用户 u_p,首先考虑用户网络中其他用户(邻居用户)与他的关联程度,其中包括直接相连用户和间接相连用户。为了衡量 u_p 与其他用户之间的关联程度,需要将边的权值进行归一化处理,具体计算公式如下:

$$ts_{p,q}^{\text{Nor}} = \frac{ts_{p,q} - ts_{\min}}{ts_{\max} - ts_{\min}} \quad (p,q) \in T \tag{4.17}$$

其中,$ts_{\min}$ 和 $ts_{\max}$ 分别表示用户网络中边的权值的最小值和最大值。边的权值归一化后,用户网络中邻居用户 u_q 与目标用户 u_p 的关联程度计算公式如下:

$$rd_{p,q} \begin{cases} = ts_{p,q}^{\text{Nor}} & (p,q) \in T \\ = \underset{r_k}{\text{Max}} = \prod_{i=1, u_i \in r_k}^{n} ts_i^{\text{Nor}} & u_p, u_q \in N, r_k \in Path_{p,q}, (p,q) \notin T \end{cases} \tag{4.18}$$

如果 u_q 与 u_p 直接相连,他们之间的关联程度 $rd_{p,q} = ts_{p,q}^{\text{Nor}}$。如果 u_q 与 u_p 间接相连,他们之间的关联程度等于相连路径中边的权值乘积的最大值。具体地,假设 r_k 为 u_p 和 u_q 之间的一条路径,这条路径上共有 n 个用户节点,那么通过这条路径的 $n-1$ 个权值的乘积,可以得到 u_p 和 u_q 基于这条路径的关联程度。假设 u_p 到 u_q 的所有路径形成的路径集合为 $Path_{p,q}$,那么,$rd_{p,q}$ 就等于 $Path_{p,q}$ 中权值乘积值最大的那条路径对应的关联程度。图 4.9 通过一个示例进一步说明间接相连用户之间的关联程度。假设用户 u_p 与 u_q 间接相连,且他们二者之间共有三条路径,分别为 r_1、r_2 和 r_3。通过式(4.18)的计算,这三条路径的权值乘积的值分别为 0.192、0.3024 和 0.06。那么 u_p 与 u_q 之间的关联程度 $rd_{p,q}$ 为三个数当中的最大值 0.3024。

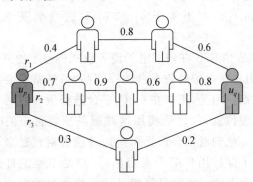

图 4.9　间接相连用户之间的关联程度

在推荐过程中，除了要考虑邻居用户与目标用户的关联程度之外，还要考虑这些邻居用户自身的用户经验。因为用户经验越丰富，给出的服务评价通常具有较高的可靠性和可信度。因此，将邻居用户 u_q 的 ca_q 与 $rd_{p,q}$ 合成，可以得到 u_q 关于目标用户 u_p 的推荐影响指数 $ri_{p,q}$。具体计算公式如下：

$$ri_{p,q} = (ca_q)^{1-\beta} \cdot (rd_{p,q})^{\beta} \quad q \in (1,\cdots,n) \quad (4.19)$$

在上述公式中，β 为权值，用来调整用户经验和用户之间关联程度在推荐影响指数中的占比，它的取值范围为 $[0,1]$。因此，对于 u_p，将所有邻居用户根据推荐影响指数值进行降序排列，排名靠前的邻居用户拥有推荐优先权。最终目标用户 u_p 的备选服务排序是基于邻居用户对这些服务的评分以及邻居用户关于 u_p 的排序得到的。具体过程如下：首先，定义 u_q 关于 u_p 基于 $ri_{p,q}$ 的排序为 $Rank_{p,q}(q \in \{1,\cdots,n\}, q \neq p)$；然后，假设 $Index_{p,j}^c$ 是备选服务 os_j 关于目标用户 u_p 的推荐指数，它等于在对 os_j 给过评分的邻居用户中，关于 u_p 排序最靠前的那个邻居用户对 os_j 的评分；最后，将关于 u_p 的备选服务根据 $Index_{p}^c$ 的值由高到低进行排序，得到目标用户 u_p 的个性化服务推荐列表。其中，将备选服务 os_j 在目标用户 u_p 的个性化服务推荐列表中的排序表示为 $Rank_{p,j}^c$。基于用户网络的服务推荐列表如图 4.10 所示，假设目标用户 u_p 的备选服务为 $os_i(i \in \{1,\cdots,9\})$。由于邻居用户 u_j 关于 u_p 的排序高于邻居用户 u_k 和 u_l，因此备选服务 os_3 和 os_8 的推荐指数 $Index_{p,3}^c$ 和 $Index_{p,8}^c$ 等于 u_j 对 os_3 和 os_8 的评分，即 $r_{j,3}$ 和 $r_{j,8}$，而不等于 u_k 和 u_l 对这两个服务的评分 $r_{k,3}$ 和 $r_{l,8}$。

包括 B2B 和 B2C 在内的电子商务模式得益于物流行业的迅速发展，使得用户在电子商务平台选择商品时，通常不会考虑这些商品的发货地点。但是，用户在 O2O 平台选择服务时通常会考虑备选服务的地理位置，以评估使用这些服务所要付出的时间成本和交通成本等。他们通常会选择那些地理位置对自己来说比较方便的服务。为了保护用户的个人隐私，用户是不会把自己的常用地址发布到平台上的。平台只能通过用户使用过的服务的地理位置

第 4 章 基于网络的 O2O 服务推荐算法

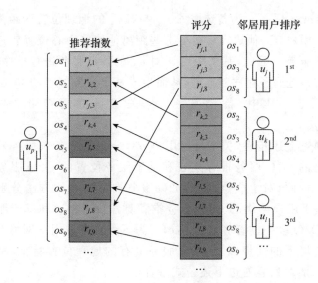

图 4.10 基于用户网络的 O2O 服务推荐列表

信息来推测用户的地理偏好。对于目标用户 u_p 的偏好中心位置 cen_p，具体计算公式如下：

$$cen_p = \left\{ \frac{\sum_{i=1}^{m} Lon_{os_i}}{m}, \frac{\sum_{i=1}^{m} Lat_{os_i}}{m} \right\} \quad os_i \in S_p \quad (4.20)$$

在上述公式中，Lon_{os_i} 和 Lat_{os_i} 分别代表目标用户 u_p 使用过的服务 os_i 的地理位置的经度和纬度。采用半正矢（Haversine）公式来计算备选服务与目标用户的偏好中心位置的距离。计算公式如下：

$$\begin{aligned} d_{os_j, cen_p} = & R \times \arcsin[\sin(Lat_{os_j}) \times \sin(Lat_p) + \cos(Lat_{os_j}) \\ & \times \cos(Lat_p) \times \cos(Lon_{os_j} - Lon_p) + \cos(Lon_{os_j}) \\ & \times \cos(Lon_p) \times \cos(Lon_{os_j} - Lon_p)] \end{aligned}$$

$$os_j \notin S_p \text{ 且 } os_j \in OS \quad (4.21)$$

在上述公式中，os_j 是关于目标用户 u_p 的一个备选服务。Lon_p 和 Lat_p 分别为 cen_p 的经度和纬度。同样地，Lon_{os_j} 和 Lat_{os_j} 分别为备选服务 os_j 位置的经度和纬度。R 为地球的平均半径

6371 km。d_{os_j,cen_p} 为备选服务 os_j 与 cen_p 的地理位置的距离。对于目标用户 u_p，他更容易接受那些距离他偏好中心位置较近的那些备选服务。因此，基于距离 d 对 u_p 的备选服务进行排序，距离越近的备选服务排序越靠前，从而生成基于服务位置的 O2O 服务推荐列表。其中，备选服务 os_j 关于目标用户 u_p 的排序为 $Rank_{p,j}^d$。

通过上述步骤，关于目标用户 u_p，分别得到备选服务基于用户网络的 O2O 服务推荐列表和基于服务位置的 O2O 服务推荐列表。因此，对生成这两个 O2O 服务推荐列表的方法分别命名为：基于用户网络的 O2O 服务推荐算法（CNRec）和基于服务位置的 O2O 服务推荐算法（LRec）。为了综合考虑用户网络在稀疏数据环境下的优势以及 O2O 服务具有的地理位置特征，将得到的两个推荐列表通过下述公式融合：

$$Index_{p,j} = \gamma \times Rank_{p,j}^c + (1-\gamma) \times Rank_{p,j}^d \quad (4.22)$$

在上述公式中，γ 为权值，用来调整基于用户网络和基于服务位置的 O2O 服务推荐列表在最终推荐列表中的占比，它的取值范围为 $[0,1]$。备选服务根据它们的 $Index_{p,j}$ 值由低到高的排序，从而得到针对目标用户 u_p 的最终的推荐列表。生成该推荐列表的方法称为基于用户网络和服务位置的 O2O 服务推荐算法（CNLRec）。因此，CNLRec 是融合线上用户主观评价信息和线下服务客观地理位置信息，真正考虑了 O2O 服务特征的 O2O 推荐算法，也是线上与线下信息融合，主观与客观信息融合的一个算法。同时，O2O 平台中的两个交互主体——用户和服务的相关特征均体现在 CNLRec 中。

4.2.4 实验过程与结论分析

实验分为三部分。第一部分为网络实验，在这部分实验中，基于 10 个不同数据密度的用户评分矩阵，构建 10 个用户网络，并分析这些网络的特征。数据密度从 1% 到 10%，且以 1% 为步长。第二部分为对比实验，CNRec、LRec 和 CNLRec 都可以应用在 O2O 平台，因此，可以用 O2O 服务数据集比较这 3 个算法与其他算法的推荐效果。值得注意的是,CNRec 并未用到 O2O 服务数据集中关于服务地理位置的数据。事实上,CNRec 可以应用在任何有线上评分信息的网络平台,因此,可以采用推荐算法研究中常用的 MovieLens 100K 数据集观察 CNRec 和其他对比算法的推荐效果。在对比实验中,CNRec、LRec 和 CNLRec 的参数设置和使用的数据集如表 4.3 所示。当 CNLRec 中的权值 γ 等于 0 或 1 时,该算法分别等同于 LRec 和 CNRec。γ 等于 0.5 时,表示在 CNLRec 的最终推荐结果生成过程中,基于用户网络和服务位置的 O2O 服务推荐列表具有相同的权值。其他算法则包括两类,分别是经典的协同过滤推荐算法(I-CF、U-CF 和 H-CF)和人工智能使用的一些算法(MF、DL、NN 和 CL)。第三部分为参数实验,在这部分实验中,依次观察 CNLRec 的权值 α、β 和 γ 取不同值时的推荐效果,参数实验在探究这些权值最优取值的同时,对实验结果进行了分析。

表 4.3 参数设置和使用的数据集

算法	参数设置	使用数据集
CNLRec	$\gamma=0.5$	O2O 服务数据集
CNRec	$\gamma=1$	O2O 服务数据集 MovieLens 100K 数据集
LRec	$\gamma=0$	O2O 服务数据集

1. 网络实验

在这部分实验中,使用 10 个不同数据密度的用户评分矩阵,构建 10 个用户网络,并分析这些用户网络的特征。数据密度以 1% 为步长,从 1% 到 10%。为了清楚地显示实验结果,抽取 O2O 服务数据集中的一部分实验数据用来构建网络。这部分实验数据包含了 15,393 个用户对 50 个 O2O 服务给出的 7990 个评分,数据密度约为 10%。

在网络实验中,构建的 10 个用户网络如图 4.11 所示。每个网络下面的两个数字分别代表用来构建该网络的用户评分矩阵的数据密度和网络连接程度。网络连接程度通过网络中边的数量除以网络中最大可能的边数计算得到。在这部分实验中,网络节点个数为 50 个。因此,假设 50 个节点两两相连,网络中边的数量为 1225 个,即网络中最大可能的边数。例如,图 4.11 中第一个网络(数据密度为 1%)的边的数量为 86 个。那么,该网络的连接程度则为 $\frac{86}{1225} \times 100\% \approx 7\%$。在实验结果中,可以发现随着数据密度的增加,网络连接程度起初迅速上升然后平缓增长,从而使得在绝大多数稀疏数据环境下的网络具有较高的连接程度。这也意味着用户之间大多是直接相连的。在网络实验中,相比通过间接相连衡量两个用户之间的关联程度,直接相连可以得到更为准确的衡量结果。除此之外,可以发现当数据密度超过 2% 时,所有用户都连到了用户网络中,使得对于网络中的任一个用户,其他用户使用过的服务均有机会通过网络推荐给他。考虑到绝大多数互联网平台的用户评分矩阵的数据密度不会超过 3%,本章提出的 CNLRec 可以在很大程度上解决稀疏数据环境下推荐难的问题。

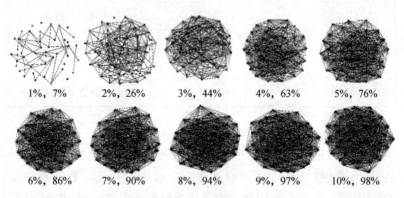

图 4.11　用户网络实验结果

2. 对比实验

(1) 低数据密度下的对比实验结果分析。

由于 O2O 服务数据集和 MovieLens 100K 数据集的数据密度通常不会超过 10%，因此将 10% 定义为临界数据密度，数据密度大于 10% 的为高数据密度，数据密度小于 10% 的为低数据密度，低数据密度下的对比实验结果如图 4.12 所示。首先，所有算法的推荐效果都随着数据密度的增加而提升，从而证明了实验结果的可靠性。其次，在 O2O 服务数据集，CNLRec 和 CNRec 的推荐效果均明显优于其他算法的推荐效果；在 MovieLens 100K 数据集，CNL-Rec 的推荐效果明显优于其他算法的推荐效果。最后，MF、DL、CL 和 NN 算法具有相近的推荐效果，且均好于 I-CF、U-CF 和 H-CF 推荐算法。上述实验结果说明用户网络无论使用 O2O 数据集还是 MovieLens 100K 数据集，都可以在一定程度上解决稀疏数据环境下推荐不准确和推荐难的问题，从而使得 CNRec 和 CNLRec 具有较好的推荐效果。

观察图 4.12(a) 中 CNLRec、CNRec 和 LRec 在 O2O 服务数据集的推荐效果，可以发现 CNLRec 的推荐效果要好于其他两个算法的推荐效果。这个实验结果说明用户在 O2O 服务的选择过程中，不但要考虑备选服务的线上主观评价信息，还要考虑这些服务的线下客观地理位置信息，并且这些备选服务的地理位置对用户的服务选择有很大的影响，体现了服务的地理位置在用户服务选择过程中的重要性。

在对比实验中，MF、DL、NN 和 CL 算法经过反复的训练，使得它们可以在有限的数据集中，最大程度地获取用户之间的偏好相似度，因此表现出不错的推荐效果。但是，在稀疏数据环境下，这类算法的推荐效果一般。I-CF、U-CF 和 H-CF 推荐算法的推荐效果较差，这是因为这三个推荐算法的用户之间的偏好相似度衡量采用基于数值的用户之间的偏好相似度衡量方法。然而，在稀疏数据环境下，基于数值的用户之间的偏好相似度衡量并不准确，从而导致了这三个推荐算法推荐效果较差。

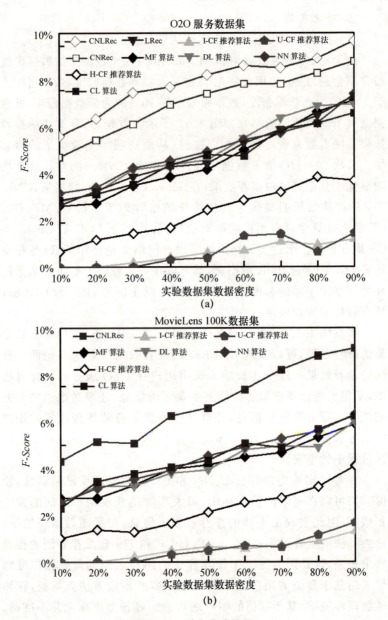

图 4.12 对比实验结果

(2) 高数据密度下的对比实验结果分析。

在对比实验中,算法的验证只能在已有的数据集中进行,为了验证算法在高数据密度下的推荐效果,需要增加已有数据集的数据密度。考虑到评价数量较少的用户给出的评价存在有偏性的概率较大,并且已有数据集中移除这些用户是推荐算法研究中提升已有数据集数据密度的常用方法,因此从 O2O 服务数据集中移除那些评价数量少于 12 个的用户,从 MovieLens 100K 数据集中移除那些评价数量少于 15 个的用户,使得这两个数据集的数据密度分别从 9.81% 和 6.03% 提升至 20.74% 和 20.15%。其他参数的设置与正常数据密度下的对比实验中的设置相同。

对比实验结果如图 4.13 所示。与本文其他对比实验结果的显示方式略有不同,图中的横坐标包含了两组数据,括号外的数据代表用户评分矩阵的数据密度,括号内的数据代表实验数据集数据密度。相比而言,在高数据密度环境下,算法的推荐效果随着数据密度的增加,开始发生改变。CNLRec 和 CNRec 在低数据密度环境下随着数据密度的增加,推荐效果的表现稳步提升;它们在高数据密度环境下的推荐效果随着数据密度增加得到的提升相对缓慢。但是,I-CF、U-CF 和 H-CF 推荐算法在高数据密度环境下的推荐效果提升地非常快,使得它们在一些情况下的推荐效果超过了实验中的其他算法。这与 I-CF、U-CF 和 H-CF 推荐算法在低数据密度环境下的表现完全不同。而 MF、DL、NN 和 CL 算法在高数据密度环境下,随着数据密度的增加,推荐效果的提升速度与低数据密度环境下相近。具体地,当数据密度超过 15% 时,NN 和 DL 算法在 O2O 服务数据集下的推荐效果超过了 CNLRec。在 MovieLens 100K 数据集中,当数据密度超过 12% 时,NN 算法的推荐效果就已经超过了 CNRec。

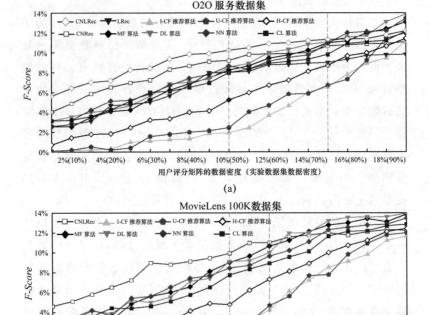

图 4.13 对比实验结果(高数据密度)

CNRec 和 CNLRec 的核心均为用户网络。仅当数据密度超过 2%时,所有用户就都被连入用户网络。并且在低数据密度环境下,随着数据密度的增加,网络连接速度非常快。因此,在低数据密度环境下,随着数据密度增加使得 CNRec 和 CNLRec 的推荐效果稳步提升。然而,实验发现当数据密度超过 11%时,用户网络的连接程度达到了最大值 98.3%,这就意味着用户网络结构不会随着数据密度的进一步增加而发生变化,在稀疏数据环境下的推荐效果很好,并不会再发生变化。因此,表现为 CNLRec 和 CNRec 推荐效果并没有显著提升。

除此之外,相比于低数据密度环境,在高数据密度环境下,用户使用过的相同服务的数量会相对较多。实际上,用户对使用过的服务的评价相比于单纯的使用过的服务数量,包含了更多的关于他们偏好的信息。因此,当两个用户使用过的相同服务的数量足够多时,基于数值的用户之间的偏好相似度衡量可以更为准确地衡量二者之间的偏好相似度,从而使得 I-CF、U-CF 和 H-CF 推荐算法在高数据密度环境下,推荐效果随着数据密度的增加而更快提升。这也是即便在低数据密度环境下基于数值的用户之间的偏好相似度衡量不能被完全忽略的主要原因。使用 MF、DL、NN 和 CL 算法,它们的核心是对数据的训练,因此它们的推荐效果随着数据密度的不断增加而稳步提升。

尽管如此,CNRec 和 CNLRec 在高数据密度环境下的推荐效果仍然会随着数据密度的增加而提升,因此它们在高数据密度的平台中仍然可以应用。重要的是,平台的用户评分矩阵的数据密度通常不会超过 10%,并且很难增加。这是因为平台为了提高收益而不断加入新的服务,从而吸引更多的新用户。因此,CNRec 比 CNLRec 在实际应用中更为有效。如果未来有一个特殊的平台,它的用户评分矩阵的数据密度接近甚至超过 20% 时,I-CF、U-CF 和 H-CF 推荐算法无疑是满足该平台推荐需求的最佳选择。

3. 参数实验

在 CNLRec 中共有 3 个可调整的权值,分别为 α、β 和 γ。α 用来调整用户的行为活跃度和偏好多样性在用户经验中的占比;β 用来调整邻居用户的经验和他与目标用户的关联程度在融合成他的关于目标用户的推荐影响指数过程中的占比;γ 用来调整基于用户网络和服务位置得到的两个备选服务的排序在融合成最终推荐列表的占比。

(1) 参数 α 实验。实验结果如图 4.14 所示。首先,CNLRec 的推荐效果随着数据密度的增加而提升,从而验证了这部分实验的可靠性。其次,所有的曲线都呈现"倒 U"形,且当 $\alpha=0.6$ 或 $\alpha=0.7$ 时,F-Score 达到最大值。最后,值得注意的是,当 $\alpha=0$ 和 $\alpha=1.0$ 时,算法的推荐效果较差。这个实验现象说明了用户经验是由他的行为活跃度和偏好多样性共同决定的,单独一个方面都不能准确地衡量用户经验,而且,相比用户使用过更多数量的服务,他使用过的服务种类越多更有助于他经验的积累。

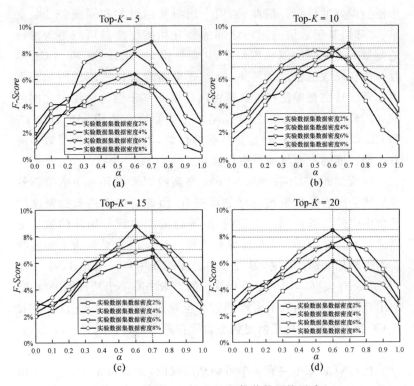

图 4.14 参数 α 对 CNLRec 推荐效果的影响

(2) 参数 β 实验。图 4.15 中所有曲线的趋势与图 4.14 相似。当 $\beta=0.5$ 时,F-Score 达到最大值。在 $\beta=0.5$ 处将曲线分为两部分,不难发现该点左边的曲线比它右边的曲线形态更陡峭。这个实验结果首先说明邻居用户的经验和他与目标用户的关联程度在对目标用户的推荐过程中具有相同的影响,忽视任何一个因素都会使得算法的推荐效果受到很大影响。除此之外,发现 $\beta>0.5$ 时 CNLRec 的推荐效果要好于 $\beta<0.5$ 时该算法的推荐效果。例如,$\beta=0.7$ 时 CNLRec 的推荐效果要好于 $\beta=0.3$ 时该算

法的推荐效果,这个实验现象表明关联程度在 CNLRec 中要略重要于用户经验,从而说明用户网络关系是 CNLRec 解决稀疏数据环境下推荐难和推荐不准确问题的核心和关键。

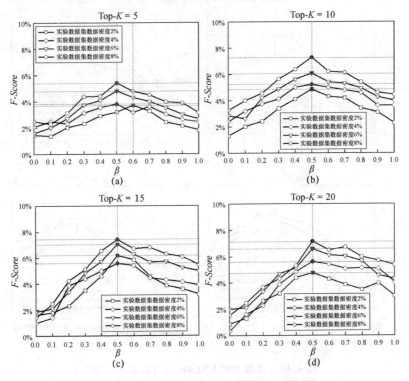

图 4.15 参数 β 对 CNLRec 推荐效果的影响

(3) 参数 γ 实验。参数 γ 的相关实验结果如图 4.16 所示。在大多数情况下,当 $\gamma=0.6$ 时,CNLRec 有最好的推荐效果。这个实验结果说明用户网络和服务位置对备选服务的排序都很重要,意味着用户在 O2O 服务的选择过程中既要考虑备选服务的线上用户主观评价信息也要考虑这些服务的线下客观地理位置信息。从而体现了 O2O 服务是一种区别于传统电商服务的线上与线下双渠道融合的新商务模式。当 $\gamma=1.0$ 时,CNLRec 的推荐效果要好于 $\gamma=0$ 时的推荐效果,这个实验现象说明,即便在距离敏感的推荐场景中,基于线上主观评价信息的用户服务选择行为偏好的挖掘仍然是推荐算法的核心。

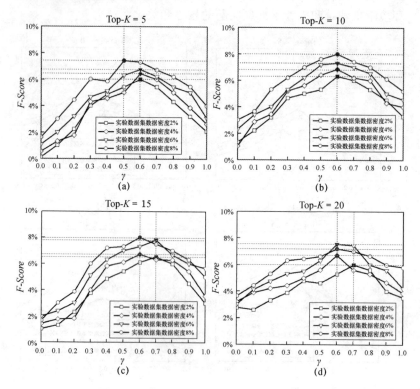

图 4.16 参数 γ 对 CNLRec 推荐效果的影响

3. 算法小结

本章提出的 CNLRec 是融合了线上用户主观评价信息和线下服务客观地理位置信息的真正适用于 O2O 服务的推荐算法。该算法基于用户的服务使用行为来构建用户网络,对网络中的节点和边的相关属性进行定义和衡量。除此之外,考虑到备选服务的地理位置对用户选择 O2O 服务的重要性,根据备选服务距离目标用户偏好中心位置的远近,生成关于目标用户的基于服务位置的 O2O 服务推荐列表。在实验部分,网络实验结果表明所构建的用户网络可以在稀疏数据环境下将绝大多数用户连入其中,并具有较快的连接速度,从而解决了稀疏数据环境下推荐不准确和推荐难的问题。在对比实验中,发现基于用户网络的推荐算法 CNRec 和 CNLRec 无论是在 O2O 服务数据集还是在以 MovieLens 100K 为代表的数据集中,相比于 I-CF、U-CF 和 H-CF 推荐算法以及 MF、DL、NN 和 CL 算法,均表现出较为突出的推荐效果。同时,发现计算复杂度相对较低的基于服务位置的 O2O 服务推荐算法 LRec 在 O2O 服务推荐中具有和 MF、DL、NN 和 CL 算法相近的推荐效果,从而说明 O2O 服务的地理位置对用户选择 O2O 服务的重要性。

第 5 章　结论与展望

近些年来，随着信息技术的飞速发展和互联网的广泛普及，一些新的商务模式应运而生。而这些商务模式极大地改变了人们的消费模式。其中，O2O 作为一种线上与线下双渠道融合的全新商务模式得到了消费者的认可和接受，引起了企业界和学术界的广泛关注。这是一种紧密连接虚拟世界和现实世界的交互模式，在该交互模式中，消费者首先在平台选择并购买服务，然后要前往提供服务的线下实体店体验该服务，最后消费者可以根据自己的服务体验对服务进行线上评价。其中，团购服务是最典型，也是发展最早的 O2O 服务。然而随着 O2O 服务的快速发展，平台上的服务数量急剧增加，使得用户在海量备选服务中，很难选择出最符合自己偏好并能最大程度满足自己需求的服务。这个问题也同样存在于包括亚马逊、京东、淘宝等 B2C 和 C2C 的商务模式中，即用户在信息过载环境下面临选择难的问题。推荐系统是解决该问题的有效方法之一，并已经被广泛应用于线上平台，推荐系统的核心是推荐算法。在推荐算法中，最关键的步骤是用户之间的偏好相似度衡量，用户之间的偏好相似度衡量结果的准确与否将直接影响推荐算法的推荐效果。然而，由于平台的服务和用户数量过于庞大，用户与服务的交互行为数据非常稀疏，使得两个用户使用过相同服务的数量较少，导致了基于数值的用户之间的偏好相似度衡量结果不准确，从而出现了推荐算法的推荐不准确和推荐难的问题。例如，经典的协同过滤推荐算法用到的用户评分矩阵的数据密度通常不会超过 2%。本书就通过对经典的协同过滤推荐算法的改进和架构的创新来解决稀疏数据环境下推荐不准确和推荐难的问题，并将其应用到平台中。

5.1 研究工作总结

在推荐算法中,用户之间的偏好相似度衡量是最关键的步骤,衡量结果的准确与否将直接影响推荐算法的推荐效果。在经典的协同过滤推荐算法中,用户之间的偏好相似度衡量使用基于数值的用户之间的偏好相似度衡量方法。本书首先对经典的协同过滤推荐算法中的用户之间的偏好相似度衡量方法进行了改进,提出了两种用户之间的偏好相似度衡量方法,分别是多维相似度衡量方法和非对称相似度衡量方法。实验结果表明,基于以上两种用户之间的偏好相似度衡量方法的协同过滤推荐算法均有较好的推荐效果,并且在多维相似度衡量方法中,基于行为的用户之间的偏好相似度的占比比较大。说明在稀疏数据环境下,相比于两个用户的服务评分行为的相关性,服务使用行为的相关性更能准确地衡量二者之间的偏好相似度。在这个结论的基础上,本书仅基于简单的用户评分矩阵,来进行推荐算法本质结构的创新和突破。分别根据服务被用户使用的情况和用户使用服务的行为构建了服务网络和用户网络,并基于这两个网络进行推荐算法的设计。其中,大数据最关键的两个特征,即大数据分析中的项目关联性特征和大数据本身的多源异构特征,在本书提出的网络推荐算法中也得到了充分体现。考虑到 O2O 商务模式区别于传统商务模式的本质特征是:用户在线上选择的服务必须到线下实体店使用,因此,将 O2O 服务具有的地理位置特征对用户服务选择行为的影响考虑到基于用户网络的推荐算法设计中。本书的主要结论和创新点总结如下:

(1) 在协同过滤推荐算法架构下,对基于数值的用户之间的偏好相似度衡量方法进行改进,提出了一种基于行为的用户之间的偏好相似度衡量方法。区别于基于数值的用户之间的偏好相似度衡量,基于行为的用户之间偏好相似度衡量通过两个用户使用过的相同服务的数量来衡量二者之间的偏好相似度。实验结果表明在稀疏数据环境下,基于行为的用户之间的偏好相似度衡量结果更为准确。但是,由于评价中包含了更多的能够反映用户偏好的信息,因此在用户之间的偏好相似度的衡量过程中,用户的评价不能被完全忽略。

(2) 在协同过滤推荐算法架构下,对基于数值的用户之间的偏好相似度衡量方法进行改进,提出了一种基于用户活跃度的非对称相似度衡量方法。推荐算法中经典的用户之间的偏好相似度衡量方法均是对称的,使得在推荐过程中两个用户之间的相互影响是相同的。然而,用户的活跃度不同使得用户的经验也不相同,经验丰富的用户给出的推荐相较于经验较少的用户给出的推荐往往具有较高的可靠性。实验结果表明基于用户活跃度的非对称相似度衡量相比于基于数值的用户之间的偏好相似度衡量,能够更加准确地反映由于用户经验的不同导致推荐影响力的差异。

(3) 基于用户评分矩阵,提出了一种基于服务网络的O2O服务推荐算法。该算法的核心为服务网络的构建和分析。服务网络的构建源于大数据的关联性特征。具体地,如果两个服务被相同的用户使用过,它们在网络中则被一条边连接。然后,在对网络中的节点和边的相关属性分析的基础上,提出基于服务网络的O2O服务推荐算法。实验结果表明,服务网络的提出可以较好地解决稀疏数据环境下推荐不准确和推荐难的问题,从而使得提出的推荐算法在稀疏数据环境下具有较好的推荐效果。

(4) 基于用户评分矩阵,提出了一种基于用户网络的O2O服务推荐算法。该算法的核心为用户网络的构建和分析。用户网络构建的思想启发于两个用户在海量的备选服务中选择过相同的服务,即使他们对该服务给出了不一致的评价,两个用户之间的偏好也很相似。基于用户评分矩阵,如果两个用户使用过相同的服务,就将二者相连接,从而得到用户网络。在基于用户网络的O2O服务推荐算法设计过程中,还考虑了O2O服务的地理位置特征对用户服务选择行为的影响。实验结果表明,用户网络的提出可以较好地解决稀疏数据环境下推荐不准确和推荐难的问题,从而使得提出的推荐算法在稀疏数据环境下具有较好的推荐效果。

5.2 未来研究展望

本书并未对评价中可能存在的虚假评价进行甄别,除此之外对推荐系统的理论贡献方面稍显不足。考虑到本书存在的不足,未来的研究工作将主要从以下三个方面展开:

(1) O2O 服务中虚假评价甄别的研究。在推荐系统中,虚假评价是仅次于数据稀疏问题的第二大问题。不良商家通常会雇佣一些专业"枪手"做出虚假评价。这些商家在对自己提供的服务给出虚假"好评"的同时,对竞争对手提供的服务给出虚假"差评",通过不良竞争的手段谋取利益。这些虚假评价在影响消费者对服务选择的同时,也严重影响了用户之间偏好相似度的准确衡量,从而影响了推荐系统最终的推荐效果。因此,对虚假评价以及专业"枪手"的甄别无论是对平台可靠性还是对平台推荐能力的提升都有一定的帮助。目前对虚假评价甄别的研究已经得到了企业界和学术界的广泛关注。因此,未来准备采用追根溯源的思想,通过基于部分线上评价的大数据全景分析来定位那些专业"枪手"。然后,对他们给出的其他线上评价进行严格分析和筛选,甄别虚假评价。最后,通过这些被算法甄别出来的虚假评价排除之前和排除之后的推荐效果的比较,来观察算法对虚假评价的甄别效果。以上的工作仍然基于 O2O 服务平台开展。

(2) 基于准确度和多样性的推荐效果最大化研究。在近些年关于推荐系统的研究中,学者们从之前的仅关注推荐准确度,到开始关注推荐多样性。推荐多样性是用来衡量推荐给用户服务种类情况的评价指标,推荐给用户服务种类的增加可以提升用户的新鲜感,从而提升用户对平台的使用依赖度。然而,推荐多样性的提升往往会损失一定的推荐准确度,反之亦然。因此,推荐准确度和推荐多样性之间存在着制约关系,如何优化二者之间的关系,在满足用户需求的同时,具有较丰富的服务多样性是非常值得研究的一个主题。

(3) 基于推荐系统的 O2O 服务提供商的库存决策研究。推荐系统可以对 O2O 服务提供商在供应链环节的库存决策提供支持。例如，通过推荐系统的推荐结果可以衡量服务的市场动态需求。然后，基于这个需求，为 O2O 服务提供商的原材料库存管理提供决策支持，使 O2O 服务提供商在满足市场动态需求的同时，库存成本降到最低，从而实现自身利润最大化。

参 考 文 献

[1] 黄立威,江碧涛,吕守业,等.基于深度学习的推荐系统研究综述[J].计算机学报,2018,41(07):1619-1647.

[2] 黄璐,林川杰,何军,等.融合主题模型和协同过滤的多样化移动应用推荐[J].软件学报,2017,28(03):708-720.

[3] 姜力文,戢守峰,孙琦,等.考虑品牌 APP 丰富度的 O2O 供应链渠道选择与定价策略[J].管理工程学报,2018,32(03):178-187.

[4] 李聪,梁昌勇,杨善林.电子商务协同过滤稀疏性研究:一个分类视角[J].管理工程学报,2011,25(01):94-101.

[5] 李宇琦,陈维政,闫宏飞,等.基于网络表示学习的个性化商品推荐[J].计算机学报,2019,42(08):1767-1778.

[6] 梁昌勇,冷亚军,王勇胜,等.电子商务推荐系统中群体用户推荐问题研究[J].中国管理科学,2013,21(03):153-158.

[7] 吴宾,娄铮铮,叶阳东.联合正则化的矩阵分解推荐算法[J].软件学报,2018,29(09):2681-2696.

[8] 赵亮,胡乃静,张守志.个性化推荐算法设计[J].计算机研究与发展,2002,39(08):986-991.

[9] Ackerberg DA. Empirically Distinguishing Informative and Prestige Effects of Advertising[J]. The RAND Journal of Economics,2001, 32(2), 316-333.

[10] Adomavicius G, Bockstedt JC, Curley SP, et al. Do Recommender Systems Manipulate Consumer Preferences? A Study of Anchoring Effects[J]. Information Systems Research, 2013, 24(4), 956-975.

[11] Adomavicius G, Bockstedt JC, Curley SP, et al. Effects of Online Recommendations on Consumers' Willingness to Pay[J]. Information Systems Research, 2018, 29(1), 84-102.

[12] Adomavicius G, Huang Z, Tuzhilin A. Personalization and Recommender Systems[J]. INFORMS Tutorials on Operations Research, 2008, 1(1), 55-107.

[13] Adomavicius G, Kwon Y. Improving Aggregate Recommendation Diversity Using Ranking-Based Techniques[J]. IEEE Transactions on Knowledge and Data Engineering, 2012, 24(5), 896-911.

[14] Adomavicius G, Tuzhilin A. Toward the Next Generation of Recommender Systems: A Survey of the State-of-the-art and Possible Extensions[J]. IEEE Transactions on Knowledge and Data Engineering, 2005, 17(6), 734-749.

[15] Adomavicius G, Zan H, Tuzhilin A. Personalization and Recommender Systems[J]. INFORMS Tutorials on Operations Research, 2008, 1(1), 55-107.

[16] Adomavicius G, Zhang J. Classification, Ranking, and Top-K Stability of Recommendation Algorithms[J]. INFORMS Journal on Computing, 2016, 28(1), 129-147.

[17] Alan D. J. Cooke, Harish Sujan, Mita Sujan, et al. Marketing the Unfamiliar: The Role of Context and Item-Specific Information in Electronic Agent Recommendations[J]. Journal of Marketing Research, 2002, 39(4), 488-497.

[18] Ansari A, Li Y, Zhang JZ. Probabilistic Topic Model for Hybrid Recommender Systems: A Stochastic Variational Bayesian Approach[J]. Marketing Science, 2018, 37(6), 987-1008.

[19] Antonella A, Ariela M. Consumers Motivations and Daily Deal Promotions[J]. The Qualitative Report, 2014, 19

(31), 1-15.

[20] Aral S. The Problem With Online Ratings[J]. MIT Sloan Management Review, 2014, 55(2), 47.

[21] Ban G-Y, El Karoui N, Lim AEB. Machine Learning and Portfolio Optimization[J]. Management Science, 2018, 64(3), 1136-1154.

[22] Banerjee S, Sanghavi S, Shakkottai S. Online Collaborative Filtering on Graphs[J]. Operations Research, 2016, 64(3), 756-769.

[23] Barragans-Martinez AB, Costa-Montenegro E, Burguillo JC, et al. A Hybrid Content-based and Item-based Collaborative Filtering Approach to Recommend TV Programs Enhanced with Singular Value Decomposition[J]. Information Sciences, 2010, 180(22), 4290-4311.

[24] Bilge A, Polat H. A Scalable Privacy-preserving Recommendation Scheme via Bisecting K-means Clustering[J]. Information Processing & Management, 2013, 49(4), 912-927.

[25] Bock G-W, Lee J, Kuan H-H, et al. The Progression of Online Trust in the Multi-channel Retailer Context and the Role of Product Uncertainty[J]. Decision Support Systems, 2012, 53(1), 97-107.

[26] Bone PF. Word-of-mouth effects on short-term and long-term product judgments[J]. Journal of Business Research, 1995, 32(3), 213-223.

[27] Chen SL, Peng YX. Matrix Factorization for Recommendation with Explicit and Implicit Feedback[J]. Knowledge-Based Syst., 2018, 158(1), 109-117.

[28] Dellarocas C. Strategic Manipulation of Internet Opinion Forums: Implications for Consumers and Firms[J]. Management Science, 2006, 52(10), 1577-1593.

[29] DeLone WH. Determinants of Success for Computer Usage in Small Business[J]. MIS Quarterly, 1988, 12(1), 51-61.

[30] Dickinger A, Kleijnen M. Coupons Going Wireless: Determinants of Consumer Intentions to Redeem Mobile Coupons [J]. Journal of Interactive Marketing, 2008, 22(3), 23-39.

[31] Ding S, Li Y, Wu D, et al. Time-aware Cloud Service Recommendation using Similarity-enhanced Collaborative Filtering and ARIMA Model[J]. Decision Support Systems, 2018, 107(1), 103-115

[32] Ding S, Wang Z, Wu D, et al. Utilizing customer satisfaction in ranking prediction for personalized cloud service selection[J]. Decision Support Systems, 2017, 93(1), 1-10.

[33] Do Q, Liu W, Fan J, et al. Unveiling Hidden Implicit Similarities for Cross-Domain Recommendation[J]. IEEE Transactions on Knowledge and Data Engineering, 2019,1(1), 1-1.

[34] Fang Z, Gu B, Luo X, et al. Contemporaneous and Delayed Sales Impact of Location-Based Mobile Promotions[J]. Information Systems Research, 2015, 26(3), 552-564.

[35] Fleder D, Hosanagar K. Blockbuster Culture's Next Rise or Fall: The Impact of Recommender Systems on Sales Diversity[J]. Management Science, 2009, 55(5), 697-712.

[36] Freeman LC. Centrality in Social Networks Conceptual Clarification[J]. Social networks, 1978, 1(3), 215-239.

[37] Friedman HH, Friedman L. Endorser Effectiveness by Product Type[J]. Journal of Advertising Research, 1979, 19(5), 63-71.

[38] Gallino S, Moreno A. Integration of Online and Offline Channels in Retail: The Impact of Sharing Reliable Inventory Availability Information[J]. Management Science, 2014, 60(6),

1434-1451.

[39] Gao F, Su X. Online and Offline Information for Omnichannel Retailing[J]. Manufacturing & Service Operations Management, 2016, 19(1), 84-98.

[40] Gao Z, Fan Y, Wu C, et al. SeCo-LDA: Mining Service Co-Occurrence Topics for Composition Recommendation[J]. IEEE Transactions on Services Computing, 2019, 12(3), 446-459.

[41] Gentina E, Tang TL-P, Gu Q. Do Parents and Peers Influence Adolescents' Monetary Intelligence and Consumer Ethics? French and Chinese Adolescents and Behavioral Economics[J]. Journal of Business Ethics, 2018, 151(1), 115-140.

[42] Goldberg D, Nichols D, Oki BM, et al. Using Collaborative Filtering to Weave an Information Tapestry[J]. Communications of the ACM, 1992, 35(12), 61-70.

[43] Gomez-Uribe CA, Hunt N. The Netflix Recommender System: Algorithms, Business Value, and Innovation[J]. ACM Transactions on Management Information Systems, 2015, 6(4), 1-19.

[44] Granados N, Gupta A, Kauffman RJ. Online and Offline Demand and Price Elasticities: Evidence from the Air Travel Industry[J]. Information Systems Research, 2012, 23(1), 164-181.

[45] Guan Y, Wei Q, Chen G. Deep Learning based Personalized Recommendation with Multi-view Information Integration[J]. Decision Support Systems, 2019, 118(1), 58-69.

[46] He Y, Wang C, Jiang CJ. Correlated Matrix Factorization for Recommendation with Implicit Feedback[J]. IEEE Transactions on Knowledge and Data Engineering, 2019, 31(3), 451-464.

[47] Ho Y-C, Wu J, Tan Y. Disconfirmation Effect on Online Rating Behavior: A Structural Model[J]. Information Systems Research, 2017, 28(3), 626-642.

[48] Hochberg YV, Lindsey LA, Westerfield MM. Resource Accumulation through Economic Ties: Evidence from Venture Capital[J]. Journal of Financial Economics, 2015, 118(2), 245-267.

[49] Jiang H, Qi X, Sun H. Choice-Based Recommender Systems: A Unified Approach to Achieving Relevancy and Diversity[J]. Operations Research, 2014, 62(5), 973-993.

[50] Jiménez FR, Mendoza NA. Too Popular to Ignore: The Influence of Online Reviews on Purchase Intentions of Search and Experience Products[J]. Journal of Interactive Marketing, 2013, 27(3), 226-235.

[51] Jing X, Xie J. Group Buying: A New Mechanism for Selling Through Social Interactions[J]. Management Science, 2011, 57(8), 1354-1372.

[52] Kim D, Park C, Oh J, et al. Deep Hybrid Recommender Systems via Exploiting Document Context and Statistics of Items[J]. Inf. Sci. , 2017, 417(1), 72-87.

[53] Koo D-M. Impact of tie strength and experience on the effectiveness of online service recommendations[J]. Electronic Commerce Research and Applications, 2016, 15(1), 38-51.

[54] Koren Y, Bell R, Volinsky C. Matrix Factorization Techniques For Recommender Systems[J]. Computer, 2009, 42(8), 30-37.

[55] Krishnappa DK, Zink M, Griwodz C, et al. Cache-Centric Video Recommendation: An Approach to Improve the Efficiency of YouTube Caches[J]. ACM Transactions on Multimedia Computing, Communications, and Applications, 2015, 11(4), 1-

20.

[56] Kumar V, Pujari AK, Sahu SK, et al. Collaborative Filtering using Multiple Binary Maximum Margin Matrix Factorizations[J]. Information Sciences, 2017, 380, 1-11.

[57] Kwon W-S, Lennon SJ. What Induces Online Loyalty? Online versus Offline Brand Images[J]. Journal of Business Research, 2009, 62(5), 557-564.

[58] Lai H-J, Ku Y-C. Personalized Content Recommendation and User Satisfaction: Theoretical Synthesis and Empirical Findings AU - Liang, Ting-Peng[J]. Journal of Management Information Systems, 2006, 23(3), 45-70.

[59] Lappas T, Sabnis G, Valkanas G. The Impact of Fake Reviews on Online Visibility: A Vulnerability Assessment of the Hotel Industry[J]. Information Systems Research, 2016, 27(4), 940-961.

[60] Larson DM. Recovering weakly complementary preferences[J]. Journal of Environmental Economics and Management, 1991, 21(2), 97-108.

[61] LeCun Y, Bengio Y, Hinton G. Deep Learning[J]. Nature, 2015, 521(7553), 436-444.

[62] Lee DD, Seung HS. Learning the Parts of Objects by Non-negative Matrix Factorization [J]. Nature, 1999, 401(6755), 788-791.

[63] Lee J, Hwang W-S, Parc J, et al. Injection: Toward Effective Collaborative Filtering Using Uninteresting Items[J]. IEEE Transactions on Knowledge and Data Engineering, 2019, 31(1), 3-16.

[64] Levav J, Mcgraw AP. Emotional Accounting: How Feelings about Money Influence Consumer Choice[J]. Journal of Marketing Research, 2009, 46(1), 66-80.

[65] Li D-C, Fang Y-H, Fang YMF. The Data Complexity Index to Construct an Efficient Cross-validation Method[J]. Decision Support Systems, 2010, 50(1), 93-102.

[66] Li D, Lv Q, Shang L, et al. Item-based Top-N Recommendation Resilient to Aggregated Information Revelation[J]. Knowledge-Based Syst., 2014, 67(1), 290-304.

[67] Li H, Shen Q, Bart Y. Local Market Characteristics and Online-to-Offline Commerce: An Empirical Analysis of Groupon[J]. Management Science, 2017, 64(4), 1477-1973.

[68] Li L, Chen J, Raghunathan S. Recommender System Rethink: Implications for an Electronic Marketplace with Competing Manufacturers[J]. Information Systems Research, 2018, 29(4), 1003-1023.

[69] Li X. Impact of Average Rating on Social Media Endorsement: The Moderating Role of Rating Dispersion and Discount Threshold[J]. Information Systems Research, 2018, 29(3), 739-754.

[70] Li Y-M, Lin L-F, Ho C-C. A Social Route Recommender Mechanism for Store Shopping Support[J]. Decision Support Systems, 2017, 94(1), 97-108.

[71] Lian D, Ge Y, Zhang F, et al. Scalable Content-aware Collaborative Filtering for Location Recommendation[J]. IEEE Transactions on Knowledge and Data Engineering, 2018, 30(6), 1122-1135.

[72] Lim S, Lee B. Loyalty Programs and Dynamic Consumer Preference in Online Markets[J]. Decision Support Systems, 2015, 78(1), 104-112.

[73] Lin Z, Zhang Y, Tan Y. An Empirical Study of Free Product Sampling and Rating Bias[J]. Information Systems Research, 2019, 30(1), 260-275.

[74] Liu J, Wu C, Liu W. Bayesian Probabilistic Matrix Factorization with Social Relations and Item Contents for recommendation [J]. Decision Support Systems, 2013, 55 (3), 838-850.

[75] Liu J, Wu C, Wang J. Gated Recurrent Units based Neural Network for Time Heterogeneous Feedback Recommendation[J]. Informtion Sciences, 2018, 423(1), 50-65.

[76] Liu J, Wu C, Xiong Y, et al. List-wise Probabilistic Matrix Factorization for Recommendation[J]. Inf. Sci., 2014, 278(1), 434-447.

[77] Lohrmann C, Luukka P. A Novel Similarity Classifier with Multiple Ideal Vectors based on K-means Clustering[J]. Decision Support Systems, 2018, 111(1), 27-37.

[78] Lu S, Xiao L, Ding M. A Video-Based Automated Recommender (VAR) System for Garments[J]. Marketing Science, 2016, 35(3), 484-510.

[79] Luca M, Zervas G. Fake It Till You Make It: Reputation, Competition, and Yelp Review Fraud[J]. Management Science, 2016, 62(12), 3412-3427.

[80] Luo F, Ranzi G, Wang X, et al. Social Information Filtering-Based Electricity Retail Plan Recommender System for Smart Grid End Users[J]. IEEE Transactions on Smart Grid, 2019, 10(1), 95-104.

[81] Luo X, Zhou M, Xia Y, et al. An Efficient Non-Negative Matrix-Factorization-Based Approach to Collaborative Filtering for Recommender Systems[J]. IEEE Transactions on Industrial Informatics, 2014, 10(2), 1273-1284.

[82] Mantovani RG, Rossi ALD, Alcobaça E, et al. A Meta-learning Recommender System for Hyperparameter Tuning: Predicting when Tuning Improves SVM Classifiers[J]. Informa-

tion Sciences, 2019, 501(1), 193-221.

[83] Meng S, Dou W, Zhang X, et al. KASR: A Keyword-Aware Service Recommendation Method on MapReduce for Big Data Applications[J]. IEEE Transactions on Parallel and Distributed Systems, 2014, 25(12), 3221-3231.

[84] Muter I, Aytekin T. Incorporating Aggregate Diversity in Recommender Systems Using Scalable Optimization Approaches[J]. INFORMS Journal on Computing, 2017, 29(3), 405-421.

[85] Newman MEJ. Coauthorship Networks and Patterns of Scientific Collaboration[J]. Proceedings of the National Academy of Sciences, 2004, 101(1), 5200-5205.

[86] Nilashi M, Ibrahim Ob, Ithnin N. Multi-criteria Collaborative Filtering with High Accuracy Using Higher Order Singular Value Decomposition and Neuro-Fuzzy System[J]. Knowledge-Based Syst., 2014, 60(1), 82-101.

[87] Olivares-Nadal AV, DeMiguel V. Technical Note—A Robust Perspective on Transaction Costs in Portfolio Optimization[J]. Operations Research, 2018, 66(3), 733-739.

[88] Pan Y, Wu D. Personalized Online-to-Offline (O2O) Service Recommendation Based on a Novel Frequent Service-Set Network[J]. IEEE Systems Journal, 2019,1(1), 1-9.

[89] Pan Y, Wu D, Luo C, et al. User Activity Measurement in Rating-based Online-to-offline (O2O) Service Recommendation[J]. Information Sciences, 2019, 479(1), 180-196.

[90] Pan Y, Wu D, Olson DL. Online to Offline (O2O) Service Recommendation Method based on Multi-dimensional Similarity Measurement[J]. Decision Support Systems, 2017, 103(1), 1-8.

[91] Park CW, Mothersbaugh DL, Feick L. Consumer

Knowledge Assessment[J]. Journal of Consumer Research, 1994, 21(1), 71-82.

[92] Phang CW, Tan C-H, Sutanto J, et al. Leveraging O2O Commerce for Product Promotion: An Empirical Investigation in Mainland China[J]. IEEE Transactions on Engineering Management, 2014, 61(4), 623-632.

[93] Pyo S, Kim E, kim M. LDA-Based Unified Topic Modeling for Similar TV User Grouping and TV Program Recommendation[J]. IEEE Transactions on Cybernetics, 2015, 45 (8), 1476-1490.

[94] Rampell A, Why Online2Offline Commerce is a trillion dollar opportunity, in, http://techcrunch. com/2010/08/07/why-online2offline-commerce-is-a-trillion-dollaropportunity/, 2010.

[95] Ratchford BT. The Economics of Consumer Knowledge [J]. Journal of Consumer Research, 2001, 27(4), 397-411.

[96] Rishika R, Ramaprasad J. The Effects of Asymmetric Social Ties, Structural Embeddedness, and Tie Strength on Online Content Contribution Behavior[J]. Management Science, 2019, 65(7), 3398-3422.

[97] Rodriguez JD, Perez A, Lozano JA. Sensitivity Analysis of K-fold Cross Validation in Prediction Error Estimation[J]. IEEE Trans. Pattern Anal. Mach. Intell., 2010, 32 (3), 569-575.

[98] Roy BV, Yan X. Manipulation Robustness of Collaborative Filtering [J]. Management Science, 2010, 56 (11), 1911-1929.

[99] Saini R, Monga A. How I Decide Depends on What I Spend: Use of Heuristics Is Greater for Time than for Money[J]. Journal of Consumer Research, 2008, 34(6), 914-922.

[100] Seifoddini H, Djassemi M. The Production Data-based

Similarity Coefficient versus Jaccard's Similarity Coefficient[J]. Computers & Industrial Engineering, 1991, 21(1), 263-266.

[101] Senecal S, Nantel J. The Influence of Online Product Recommendations on Consumers' Online Choices[J]. Journal of Retailing, 2004, 80(2), 159-169.

[102] Servia-Rodríguez S, Díaz-Redondo RP, Fernández-Vilas A, et al. A Tie Strength based Model to Socially-enhance Applications and its enabling Implementation: mySocialSphere[J]. Expert Systems with Applications, 2014, 41(5), 2582-2594.

[103] Shahmohammadi A, Khadangi E, Bagheri A. Presenting New Collaborative Link Prediction Methods for Activity Recommendation in Facebook[J]. Neurocomputing, 2016, 210(1), 217-226.

[104] Sharma A, Tian Y, Sulistya A, et al. Recommending Who to Follow in the Software Engineering Twitter Space[J]. ACM Transactions on Software Engineering and Methodology, 2018, 27(4), 1-33.

[105] Si Y, Zhang F, Liu W. An Adaptive Point-of-interest Recommendation Method for Location-based Social Networks based on User Activity and Spatial Features[J]. Knowledge-Based System, 2019, 163(1), 267-282.

[106] Siering M, Deokar AV, Janze C. Disentangling Consumer Recommendations: Explaining and Predicting Airline Recommendations based on Online Reviews[J]. Decision Support Systems, 2018, 107(1), 52-63.

[107] Smith B, Linden G. Two Decades of Recommender Systems at Amazon.com[J]. IEEE Internet Computing, 2017, 21(3), 12-18.

[108] Son J, Kim SB. Academic Paper Recommender System using Multilevel Simultaneous Citation Networks[J]. Deci-

sion Support Systems, 2018, 105(1), 24-33.

[109] Soysal G, Krishnamurthi L. How Does Adoption of the Outlet Channel Impact Customers' Spending in the Retail Stores: Conflict or Synergy? [J]. Management Science, 2016, 62 (9), 2692-2704.

[110] Sussman AB, O'Brien RL. Knowing When to Spend: Unintended Financial Consequences of Earmarking to Encourage Savings[J]. Journal of Marketing Research, 2016, 53(5), 790-803.

[111] Tan S, Bu J, Chen C, et al. Using rich social media information for music recommendation via hypergraph model[J]. ACM Transactions on Multimedia Computing, Communications, and Applications, 2011, 7(1), 1-22.

[112] Tang J, Qi G, Zhang L, et al. Cross-Space Affinity Learning with Its Application to Movie Recommendation[J]. IEEE Transactions on Knowledge and Data Engineering, 2013, 25(7), 1510-1519.

[113] Verhagen T, van Dolen W. Online Purchase Intentions: A Multi-Channel Store Image Perspective[J]. Information & Management, 2009, 46(2), 77-82.

[114] Wang Q, Ma J, Liao X, et al. A Context-aware Researcher Recommendation System for University-industry Collaboration on R&D Projects[J]. Decision Support Systems, 2017, 103(1), 46-57.

[115] Wong TT, Yang NY. Dependency Analysis of Accuracy Estimates in K-Fold Cross Validation[J]. IEEE Transactions on Knowledge and Data Engineering, 2017, 29(11), 2417-2427.

[116] Wu Y, Xi S, Yao Y, et al. Guiding Supervised Topic Modeling for Content based Tag Recommendation[J]. Neurocomputing, 2018, 314(1), 479-489.

[117] Xia P, Zhang L, Li F. Learning Similarity with Cosine Similarity Ensemble[J]. Information Sciences, 2015, 307(1), 39-52.

[118] Xiao S, Dong M. Hidden Semi-Markov Model-based Reputation Management System for Online to offline (O2O) E-commerce Markets[J]. Decision Support Systems, 2015, 77(1), 87-99.

[119] Xiong H, Zhou W, Brodie M, et al. Top-k ϕ Correlation Computation[J]. INFORMS Journal on Computing, 2008, 20(4), 539-552.

[120] Yan Q, Zhang L, Li Y, et al. Effects of Product Portfolios and Recommendation Timing in the Efficiency of Personalized Recommendation[J]. Journal of Consumer Behaviour, 2016, 15(6), 516-526.

[121] Yang S, Lu Y, Chau PYK. Why do Consumers Adopt Online Channel? An Empirical Investigation of two Channel Extension Mechanisms[J]. Decision Support Systems, 2013, 54(1), 858-869.

[122] Zhang Q, Wu D, Lu J, et al. A Cross-domain Recommender System with Consistent Information Transfer[J]. Decision Support Systems, 2017, 104(1), 49-63.

[123] Zhang W, Du Y, Yoshida T, et al. DeepRec: A Deep Neural Network Approach to Recommendation with Item Embedding and Weighted Loss Function[J]. Information Sciences, 2019, 470(1), 121-140.

[124] Zhang Y, Chen M, Huang D, et al. iDoctor: Personalized and Professionalized Medical Recommendations based on Hybrid Matrix Factorization[J]. Future Generation Computer Systems, 2017, 66(1), 30-35.

[125] Zhang Z, Kudo Y, Murai T. Neighbor Selection for

User-based Collaborative Filtering using Covering-based rough Sets[J]. Annals of Operations Research, 2017, 256(2), 359-374.

[126] Zhang ZP, Kudo Y, Murai T. Neighbor selection for user-based collaborative filtering using covering-based rough sets [J]. Annals of Operations Research, 2017, 256(2), 359-374.

[127] Burke R. Hybrid Recommender Systems: Survey and Experiments[J]. User Modeling and User-Adapted Interaction, 2002, 12(4),331-370.

[128] Kazienko, P, Musial, et al. Multidimensional Social Network in the Social Recommender System[J]. IEEE transactions on systems, man, and cybernetics, Part A. Systems and humans: A publication of the IEEE Systems, Man, and Cybernetics Society, 2011.

[129] Wang, Zhi, Qi, et al. Friendbook: A Semantic-Based Friend Recommendation System for Social Networks[J]. IEEE transactions on mobile computing, 2015.